天下文化

BELIEVE IN READING

科學天地 190

社會菁英必備的數學素養

用數學思維看世界

Numbercrunch

A Mathematician's Toolkit for Making Sense of Your World

by Oliver Johnson

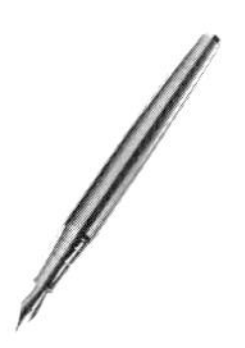

奧利弗・強森／著　劉懷仁／譯

社會菁英必備的數學素養

用數學思維看世界

目錄

Numbercrunch

A Mathematician's Toolkit
for Making Sense of Your World

獻給我所有的數學恩師

數學的本質並非讓簡單事物變得複雜，

而是讓複雜事物變得簡單。

——古德（Stanley P. Gudder），

《數學之旅》（*A Mathematical Journey*, 1976）

導言

善用數學思維，以簡馭繁

數學已經「酷」起來了

多年來，每當我告訴別人我是數學家時，都能預見對方會出現的反應。他們通常會變得十分緊張，慢慢和我拉開距離，然後躲到房間的另一端。人們通常會理直氣壯承認：「我在學校時，數學一直都學不好。」語氣中還能感覺到他們以此為傲。

但最近這種狀況開始轉變了。圖靈（Alan Turing）成為最新 50 英鎊紙鈔上的人物；奧斯卡獎提名了《魔球》、《關鍵少數》和《心靈捕手》等電影；突破獎（Breakthrough Prize，2012 年由多名企業家聯合創立，獎勵在生命科學、數學和物理學領域有傑出貢獻的人士，享有「科學界奧斯卡」的美譽）頒獎典禮上，可以看到好萊塢明星在電視直播中，頒發數百萬美元獎金給數學家。我敢自信滿滿的告訴大家，數學已經「酷」起來了。

數學愈來愈受大家重視的另一個重要原因，則是新冠肺炎疫情。突然間，數字變得無所不在。最近就連卡戴珊（Kimberly Noel Kardashian，美國名媛，以翹臀聞名）的 Instagram 貼文這類社群媒體都能看到視覺化資料。人們開始廣泛使用「指數」和「信賴區間」等詞彙。以上種種，讓我覺得，瞭解數字能發現趨勢、並且做出預測，並不是什麼可恥的事。

疫情期間，我使用 @BristOliver 的推特帳號，以數學家的角度，發表對新冠肺炎統計數據的解讀，盡可能幫助人們瞭解現在的狀況，並且讓氾濫的數字變得更容易理解。在這過程中我不斷感受到，原來我在英格蘭布里斯托大學傳授給大學生的數學技巧，無論對任何人來說，都價值連城。

我們的生活已經逐漸受到資料和演算法支配。Siri 完全可以聽懂我們說的話；使用「Google 翻譯」也能得到接近專業水準的譯文；Netflix 能夠將我們的觀看紀錄，與類似的使用者資料比對，藉此推薦我們最可能喜愛的同類型影劇。

縱使如此，人們可能不清楚這類人工智慧和機器學習，實際上都是建立在數學和統計學的基礎上。人工智慧和機器學習在二十一世紀有了全新面貌，不斷提升的算力（computing power）也提供了極大動能，但背後的基礎始終離不開數學。這樣的矽谷奇蹟依仗的是：在百萬維度世界中的「點雲」（空間中的一組離散的數據點）幾何形狀、在隨機中找出結構和模式的技術，以及處理大量數據的嚴謹數學方法等等概念。

大部分人都不清楚專業數學家整天在忙什麼，也許他們會認為我們在計算複雜的微積分，或者互相較勁誰能記住最多圓周率的位數；也許他們腦海中會浮現出一個不起眼的老頭，拿著粉筆在黑板上書寫充斥著希臘字母而難以理解的公式（老實說，這個猜測算是十分接近）。人們會這樣看待數學家，我們也要負起部分責任。數學家並沒有盡心盡力向大家解釋，為什麼我們所做的事如此重要。

這本書試圖翻轉這些偏見。現代世界人人皆有手機、平板或電腦，透過這些裝置，我們能比以往更快速接收瞬息萬變的世界的巨量資訊。因此我認為，現今日常生活中，早已離不開無窮無盡的數字，而我們也需要瞭解數字背後的事實。我相信數學提供了一種思考世界的方法，能讓人們瞭解氾濫的資料和複雜狀況，並且避免受到錯誤資訊與錯誤解讀的誤導。我想傳授讀者一些數學技巧，幫助大家透過數學家的觀點，瞭解這個世界。推特非常適合用來傳遞簡短且即時的資訊，但無法讓我這個數學家以喜愛的方式呈現想法。我試著用這本書，寫出我的想法，並且解釋為什麼數學家會如此思考事物。

數學模型以簡馭繁

一切的核心都來自於數學模型的概念。某種角度來說，我們心中都存在事物運作的原理模型。例如，我們都十分清楚物體會因為地心引力而落到地上。但如果不是牛頓一步步推導，將這個想法轉化為數學公式，我們並無法真正「理解」上述現象的物理原理。

模型應當要有兩種功能：首先要能解釋我們手上的資料，再者要能預測尚未遭逢的狀況，理想上還須包含這些預測的準確度的嚴謹校正。數學家通常會找出數字或資料的模式，並且提出可能足以解釋這些模式的理論。例如，借助牛頓公式的計算結果，在阿姆斯壯（Neil Armstrong）還未乘坐阿波羅十一號登陸月球時，我們就已經十分清楚月球的重力大小。要是沒有這些公式，美國航太總署還不知道能否建造出可發射到月球的火箭呢。

奇怪的是，良好的模型並不一定要「完全」正確。統計學家博克斯（George Box）有句名言提到：「所有模型都是錯的，但有些模型十分實用。」愛因斯坦的相對論研究成果告訴我們，牛頓公式並非完美無缺，例如，牛頓公式無法解決物體以接近光速移動時所出現的問題。但是在十七世紀，人們還在乘坐馬車和帆船旅行，牛頓公式已經足夠準確，能夠有效預測日常生活中的物體行為。即使到了今天，速度最快的火箭也遠不及光速，因此從務實的觀點來看，完全符合阿波羅八號太空人安德斯（Bill Anders）說過的名言：「太空船怎麼飛，牛頓說了算。」

疫情模型也是類似狀況，雖然那些描繪新冠肺炎傳播狀況的數學模型過於簡單，忽略了真實世界的某些影響因素，但如果模型足以產出可靠的短中期預測，就很可能已足以實際應用。

相關概念就是所謂的「玩具模型」（toy model）。玩具模型意指完全抽象、且與真實世界差異甚大的模型，但卻足以顯現出真實世界的某些性質。大家可能聽過一則聲名狼藉的杜撰故事。有人拜託一名數學家提供乳牛農場設計建議，數學家給出的模型寫到：「考慮一隻完美球形光滑無摩擦力的乳牛，在零重力的空間中……」

儘管如此，精心挑選的玩具模型，確實能夠在思考真實世界時，派上用場。譬如，我花了不少時間思考，如何利用逐步給予每人一頂能立即阻擋病毒的帽子的假想情境，找出資料中呈現的新冠肺炎疫苗效果。（第 3 章在對數刻度圖上繪製資料數據時，就能看到明顯效果。對數刻度圖上，會看到一條逐漸變得陡峭的曲線。英國 2021 年春季的新冠肺炎死亡人數資料，也能看到相同效果。雖然模型的假設無疑過於簡單，但是仍提供了一個發現疫苗效果的方法。）如果我們能將真實現象的關鍵要素，抽象化之後，放進這類簡單模型中，然後利用模型得出洞見，這些洞見就能夠帶回日常生活中應用。當然，我們仍須注意玩具模型的有效程度。

市面上已經有許多推廣數學的好書，但往往將焦點放在怪誕或奇特的主題，例如，索托伊（Marcus Du Sautoy）的《尋找月光》和賽門·辛（Simon Singh）的《費瑪最後定理》，或者關注數學與物理之間的關係，例如，法米羅（Graham Farmelo）的《宇宙用數字說話》。

大多數人往往會將數學簡單理解為解謎或玩弄數字的遊戲，這是數學家兼喜劇演員帕克（Matt Parker）最擅長的伎倆。數學確實可以非常好玩，而數學遊戲也是吸引人們學習數學的絕佳方法。但我認為大家同時也要知道，數學十分重要，數學是推動現代世界發展不可或缺的一環。數學是理性解釋事物的實用工具，我會在書中幫助大家瞭解數學如何做到這一點。

瞭解世界變化方式的結構

這本書中並沒有充斥著公式和希臘字母，事實上，書中幾乎找不到幾條公式。這是一本探討數學思維的書籍，並非一本代數問題教科書。如果可以的話，我寧可畫一張正確的圖表來解釋事物，而非提供一連串複雜的計算過程。我也知道讓大家親自動手算數學，學習效果遠勝於聽老師講數學。因此，每一章最後都會附上「課後作業」，提供方法讓大家測驗是否瞭解該章的內容及進一步探索該章主題。課後作業雖然不會有人批改，但我很樂意知道大家做得如何。

本書大致分為三大單元，每個單元各四章。第一個單元處理「結構」（structure）。數學是瞭解世界如何運作的絕佳工具，原因之一是萬物的許多重要運作過程都遵循了幾個簡單規則，而數學則能做為呈現規則的語言和表述方式。因此理所當然，基本物理定律會使用數學公式來表達。

然而，我們往往無法直接觀察到，你所關心的事物背後遵循的科學定律。我們往往只能看到一個行為的某個瞬間，並且藉由思考這類過程一般的行為模式，以及驅動這些行為的規則，來設法推論發生的狀況。

第 1 章〈一張好圖勝過千言萬語〉中，我會說明為何將資料畫在圖上，是瞭解事物狀況的絕佳切入方法。然而這個方法必須小心使用，因為資料中的短期模式可能會誤導我們做出過度自信的預測。

第 2 章〈在合理範圍內估算〉將會回頭探討數字本身。生活在現代世界中，我們總是不斷接收到各種令人眼花撩亂的資料，包含最新經濟數字、科學發現、民意調查和體育比賽統計數據等等。我將會提供一些更清楚瞭解這些數字的祕訣，包含如何得到這些數字的近似值，並且針對複雜量值做出合理的粗略估算。

第 3 章〈對數刻度下的指數成長〉將會介紹「指數成長」的概念，無論是在足球員轉會費、細菌繁殖或核反應中，都會出現指數成長。然後我會演示如何使用數學家稱為「對數刻度」（log scale）的方法，在圖上呈現指數成長。我將解釋這樣的呈現方式如何提供我們新冠肺炎疫情和股市行為的相關洞見。

第 4 章〈跟著規則走〉，我將說明：遵循簡單規則的系統，如何表現出複雜行為。我將藉由討論鐘擺運動及介紹由嘗試預測天氣而發展出的數學領域，說明這類數學模型如何呈現許多過程的運作方式。

理解事物背後的隨機性和不確定性

本書第一單元的這四章將會闡明，數學能夠呈現結構和說明結構。接下來我們將離開這類井然有序的世界，進入較為無序的世界，這或許會讓大家感到有些矛盾。然而事實證明，這些時常矛盾的現象也可以使用類似的工具來解釋。這些現象與第二單元將深入學習的「隨機性」（randomness）息息相關。

人類的直覺往往會受到隨機性誤導。例如，如果 31 號連續在最近兩星期的樂透號碼中開出，有些人可能會認為這星期再開出 31 號的機率較低（因為平均來說，各事件的出現次數會達到平衡）；但有些人可能會認為出現機率反倒較高（因為 31 號球明顯更容易抽中），然而實際上，抽中 31 號球的機率根本不會改變。人們往往會在模式根本不存在時，說服自己相信這些事物存在某種行為模式。藉由瞭解隨機性，包含預期的行為和可能出現的極端狀況，大家就能更清楚看透這類問題。

第 5 章〈隨機散布的資料〉將介紹人類活動中的隨機性這個重要概念。藉由思考簡單的丟硬幣問題，我們將會瞭解重複足夠次數的實驗後，平均會出現的結果。

第 6 章〈絕對要學會的統計方法〉以隨機性為基礎，說明統計學的「信賴區間」等概念。信賴區間即以數學方法表達事物潛在的不確定性，並讓我們據此做出重大決定，例如是否批准新藥上市。

第 7 章〈條件機率與貝氏定理〉說明了如果將現有資料納入考量，正確思考機率的話，會如何得出許多重要問題的洞見。例如，我們將會瞭解應該對新冠肺炎的檢測結果抱持多大信心，以及如何診斷公司招募程序中出現不平等的原因。

第 8 章〈發生比與成長曲線〉以博弈公司提供的賠率（odds）為出發點，從另一個面向討論機率。我們可以自然而然在機率和賠率之間轉換，而博弈公司的賠率往往更容易實際應用。賠率的思考方式幫助圖靈與他在英國布萊切利園的同事，破解了恩尼格瑪密碼機（Enigma）。而我還會說明，賠率（發生比）在瞭解醫學檢測以及預測新產品市占率、或新冠病毒變種隨時間經過的變化上，能提供我們什麼更好的方法。

如何分辨資訊和錯誤資訊

在瞭解「結構」和「隨機性」之後，本書的第三單元將說明「資訊」（information），這是以數學方法瞭解現代世界的最後一個關鍵環節。資訊和不確定性（uncertainty）是日常通訊和媒體消費的基礎，可以使用數學量值「熵值」來量化。我們將會瞭解資訊如何變成錯誤資訊（misinformaiton）、資訊如何幫助我們瞭解股市和疫情的演進，以及如何變成大家都想競爭的資源。這些議題同樣都可以使用數學架構來呈現。

第 9 章〈資訊就是力量〉，我將會介紹我的數學偶像：向農（Claude Shannon）。我會解釋向農的研究成果，如何引導我們思考接收到的新聞資訊，以及向農的想法如何鞏固手機和資料下載的世界，還有啟發了出乎意料高效率的病毒檢測方法。

第 10 章〈漫步、排隊和網路〉說明搖搖晃晃從酒吧走路回家的醉漢，如何幫助我們瞭解謠言或電腦病毒在互相連結的網路上傳播的方法。這類行為同樣雖然隨機、但卻能夠預測，而瞭解這類行為的性質，能讓我們更深入探索隨機的世界，這可遠比丟硬幣還要複雜得多。

第 11 章〈搞懂測量方法〉進一步討論隨機性和雜訊（noise）問題。本章內容說明了我們如何欺騙自己相信資料存在著模式，以及資料測量和發布的方式也可能導致我們得出錯誤結論。藉由瞭解這些問題，就能更清楚瞭解帶有複雜訊息的新聞事件。

第 12 章一如章名〈賽局理論〉（game theory），就在說明這套理論。賽局理論探討了人們彼此間合作和競爭的問題。賽局理論的數學概念可以應用在經濟學和生物學上。賽局理論告訴我們，這類狀況下的正確策略，往往包含了混合行動。

最後，第 13 章〈從錯誤中學習〉是本書的結論，呼籲大家在思考複雜狀況時，要常保謙虛。我討探了許多可能會讓大家誤解現狀的因素，並且提供一些避免這些錯誤的建議。

培養獨立理解事物的能力

雖然這本書是受到對新冠肺炎危機的反思所啟發，但內容並不是都在探討疫情。早在媒體開始討論「傳染數」（R number）和群體免疫（herd immunity）以前，就已經有很多精采的書籍，探討過疾病和感染了。雖然這本書裡舉的某些例子是在疫情期間出現的現象，但也有取自更多其他情境的例子，我將會利用這些例子來說明數學家和統計學家如何思考問題。

我將使用這三個單元來闡揚這一套數學工具，第一單元將帶領大家瞭解世界變化方式背後的結構原理；第二單元將教會大家理解支配事物報導方式背後的隨機性和不確定性；第三單元將告訴大家如何分辨資訊和錯誤資訊。

只要大家掌握了這些思考方法，就會發現世界上有許多事物都能夠使用這些數學方法來理解。我們無法預測接下來十年間會發生什麼重大事件，但無論發生什麼事，熟習這套數學工具就能幫助你進行理性分析，並且分辨訊號與雜訊。

如果這本書能幫助大家培養出數學思考習慣，並透過數學家的視角審視最新資訊，相信大家就已經具備獨立理解事物的能力了。

第一單元

結構

第1章

一張好圖
勝過千言萬語

假想你是一名咖啡店老闆，決定開始採用一連串手段，促銷新系列的冰麵包。你在當地報紙刊登了廣告，在附近的電線桿上張貼了宣傳品，並且寄送傳單到鄰近住戶家。你想知道廣告是否奏效，因此持續追蹤了冰麵包的銷售狀況好幾個星期。

如果我僅僅告訴你，銷售量為 143、136、147、144、149、147 和 153 個，乍看之下可能會難以理解這一串數字的意義。正如同喜劇演員密契爾（David Mitchell）和韋伯（Robert Webb）的虛構喜劇節目《數字王》一樣，我們接收到一串意味不明的數字。

事實上，現代世界中完全脫離不了數字。無論是政府預算金額、失業人數、或者比特幣今日價格，日常生活中大部分的一切都離不開數字。這聽起來可能會讓人惴惴不安。甚至人們有時還會利用數字混淆問題，或是在沒有前後背景脈絡下，憑空拋出一個數字。

圖表是一把雙面刃

我想幫助大家理解數字的涵義，讓大家不再那麼畏懼數字，並且瞭解支配數字變化的規則。這些都能夠透過練習來達成，而某些技巧也可以幫助我們更清楚理解數字。理解數字最簡單的方法應該就是畫圖了，準確來說是將數字畫到圖表上。

圖表是一把雙面刃，用得好能夠高效率傳遞資訊，用得差則會讓人一頭霧水。此外，由於圖表極具說服力，而且人們可以輕易在網路上分享，還無須附上背景資訊，因此資料圖表甚至經常遭濫用來傳遞假資訊。由於這些原因，瞭解圖表真正傳達的內容以及瞭解如何閱讀圖表，就變得非常重要了。若要好好弄清楚圖表，就需要回歸基礎數學。

舉例來說，在新冠疫情爆發期間，大多數我們看到由政府和衛生機構提供的大量新冠肺炎疫情圖表，呈現的是「時間序列」（time series）資料，這樣的呈現方式最容易理解。使用時間序列圖表呈現資料的方法，在其他情境下也十分實用，但閱讀時要非常小心。例如，繪製冰麵包銷售量，明顯能呈現出某種結構。

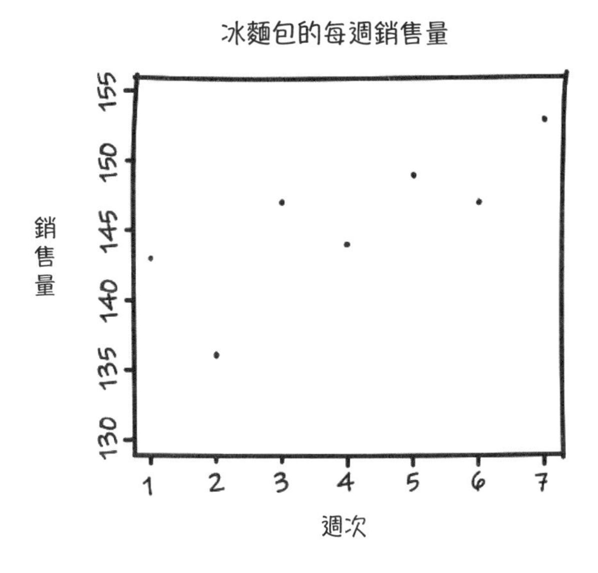

從圖上看到的趨勢似乎十分明顯：這 7 週以來，冰麵包銷售量似乎顯著上升。整體看來，數字似乎維持上升趨勢：最小數字 136 出現在接近開始促銷的第 2 週，而最大數字 153 則出現在最

後一週（第 7 週）。可以想像在圖上畫出的趨勢線會傾斜向上，促銷活動似乎頗有成效！

但在做出結論前，還需多加小心。

我們往往只會看到圖表本身，而未深入思考圖表真正呈現的意義。其中一個要注意的地方，即為圖上的標籤，也就是坐標軸上的數值。本例中，我將「週次」的標籤放在底部的 x 軸上，並將「銷售量」標籤放在側邊的 y 軸上。大家應該有注意到一部分的 y 軸截斷了，數值並非從 0 開始，此舉的影響重大。以下是使用相同資料，但 y 軸數值改為從 0 開始繪製的圖。

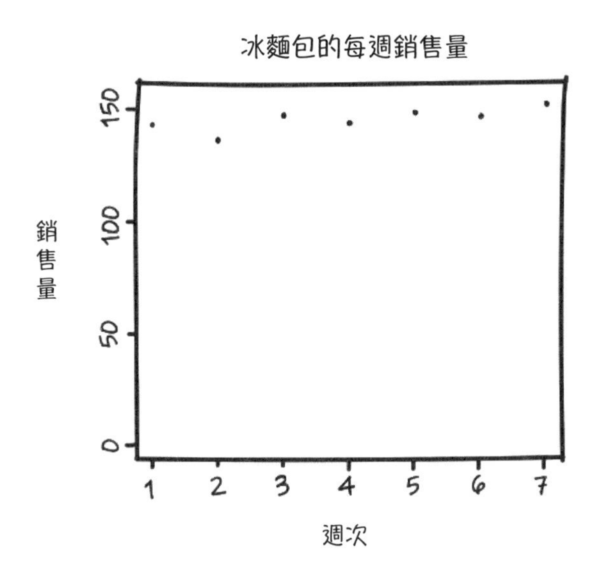

突然間，相同的資料看起來就完全不同了。趨勢可能依然向上，但是與上一張圖相比，就沒那麼明顯了。每週銷售量的

上下起伏，可能只是資料自然存在的波動，說不定廣告根本毫無奏效？（若要更深入解答這個問題，就必須考慮隨機性，本書的第二單元〈隨機性〉將會詳細說明。）

一般來說，截斷 y 軸會讓相對較小的變化變得更顯著。許多狀況下，這類截斷方式是呈現資料完全合理的選擇。例如，繪製英國每日溫度圖時，只有最荒唐的學究會堅持溫度圖要從攝氏零下 273 度畫起，也就是物理學的絕對零度（absolute zero）。然而，即使是英國冬天最冷的早晨，也不可能到達這個低溫。因此如果從攝氏零下 273 度開始繪圖，就會將重要的每日溫度變化資訊，壓縮到非常小的刻度範圍內。

雖說如此，這類 y 軸操控卻是某些政黨愛用的伎倆，在繪製選舉傳單長條圖時，就經常使用這類手段，因此大家必須特別小心。重要的是千萬要記住，操控 y 軸並不是操控資料來營造錯誤印象的唯一方法。其他伎倆還包括：挑選資料，例如，僅比較部分特別挑選出來的項目；只繪製特別挑選時段中的資料，以便呈現出想要的結論；甚至根本不標明坐標軸。〔如果想深入瞭解如何呈現資料誤導他人，我強烈推薦各位讀者閱讀伯格斯特姆（Carl Bergstrom）和威斯特（Jevin West）合著的《數據的假象》。〕

一般而言，我們應該試著向自己闡述圖表的意義：圖表想要告訴我們什麼故事，又想要如何達成這個目的呢？我很鼓勵大家尋找媒體和網路的圖表與資料數據，並且開始使用更嚴謹的方法閱讀圖表。大家需要更積極消化這些圖表與資料數據，而非只是囫圇吞棗看過。

此外，還有其他更深入且重要的數學問題需要考量。若要進一步深入瞭解，就必須思考這些視覺化資料想要達到什麼目的。我們之所要繪製圖表，就是為了在繪製過程中獲得洞見。我們最終尋找的是一個數學模型，能夠解釋這些數據如何出現，以及這些數據如何幫助我們預測未來數值，並擬定對應的計畫。

函數是什麼？

冰麵包銷售模型若以最簡單的形式表示，就是數學家所說的函數（function）。函數是一條簡單的規則，運作方式類似電腦程式：給予特定的輸入值（input）就會產生輸出值（output）。冰麵包的例子中，輸入值為經過的週數，輸出值則是冰麵包銷售量。

我們可以試著推理出期望看到的函數類型。最簡單的形式就是數值不會變動的函數。換句話說，無論輸入值為何，產生的輸出值每次都相同，這通常稱為常數函數（constant function）。常數函數顯然頗為無趣，但還是值得想像一下畫出來的樣子：所有資料點會排列成一條水平線，就像右頁上方的圖。

比常數函數更複雜一點的例子，可以使用既沒有動力、也不受摩擦力影響，僅依靠自身動量向深空飛去的航海家（Voyager）太空探測船來呈現。牛頓運動定律告訴我們，在這個條件下，航海家探測船會以固定速率移動。如果我們每天在同一時間測量，會發現航海家探測船每天都增加了相同距離，遠離地球。

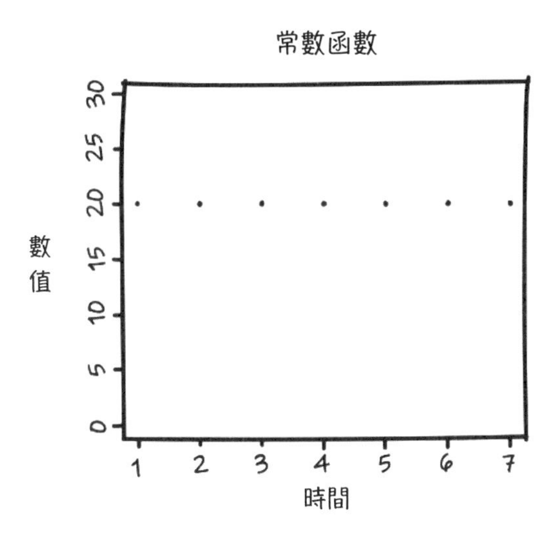

如果將每天探測船與地球的距離畫到圖上，連續的點每次測量都會向上移動相同的數值，也就是說，連起來可以得到一條斜向上的直線。數學家稱這類函數為線性函數（linear function）。

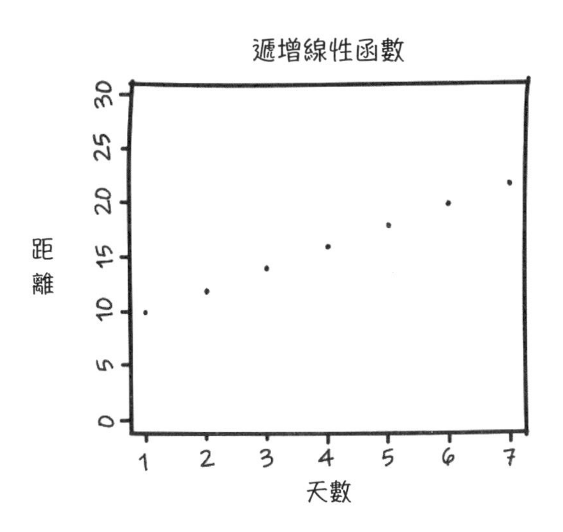

雖然線性函數形式簡單，但在理解事物變化時卻極為實用。〔實際上，牛頓的另一項偉大成就：微分學（differential calculus），告訴我們任何函數都可以看作由許多線性函數所組成。別緊張，在這本書裡，我並沒有要討論微分學。〕

預測未來走向

有兩件極具意義的事情，需要注意。首先，直線的傾斜程度帶有資訊：斜率（slope）。基本上，斜率告訴我們航海家探測船的移動速率，也就告訴了我們每天航海家探測船移動的距離。探測船移動得愈快，觀察到的斜率就愈大。事實上，只要畫出每天探測船的位置，並且測量斜率，就能計算出探測船移動的速率。

第二，有趣的事實是，線性函數會在事物「不受影響」的狀況下出現。如前所述，探測船的速率不曾改變，如果沒有外力影響，探測船將會愈飛愈遠，永無止境。因此，線性函數圖上的直線同樣會繼續無限延長。線性函數十分容易預測。我們只要目測延伸的直線，就能預測線性函數的未來走向，並找出後續預期的資料點數值。

順道一提，線性函數並不一定要像上述例子般向上傾斜。如果從遙遠星球的一名外星人的視角來看，航海家探測船反倒是向外星人的星球飛過去，探測船與外星人所在星球的距離，每次觀測時都會縮短相同數值。如果將外星人觀測到的探測船位置畫在圖上，就會看到一條向下傾斜的直線。

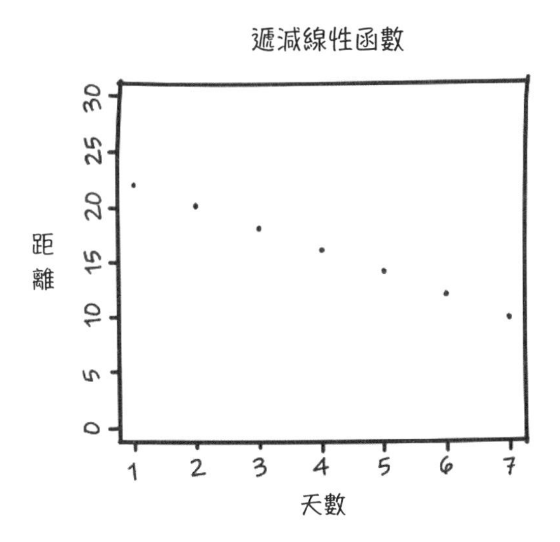

我們當然不必將注意力局限在上述線性變化過程，事物還可能出現其他更有趣的行為。例如，想像航海家探測船並非單純只是在太空中飄移，探測船的火箭引擎正不斷提供固定的加速度。探測船的速率會不斷增加，因此探測船每一天前進的距離，都會比前一天還要遠。所以，圖上每個連續的資料點，都會比上一個點向上移動更大距離，也就是看到的不是一條直線，而是一條向上彎的曲線，如次頁上方那張圖。

嚴格來說，這條線是一條拋物線（parabola），也稱為二次曲線（quadratic curve）。在加速度固定之下，也能看到相同行為。例如，丟出一顆網球時，也能看到類似的拋物線，不同之處在於曲線為向下彎而非向上彎，網球向上的初速在最高點時，會減少到零，然後加速向下，落回地面。

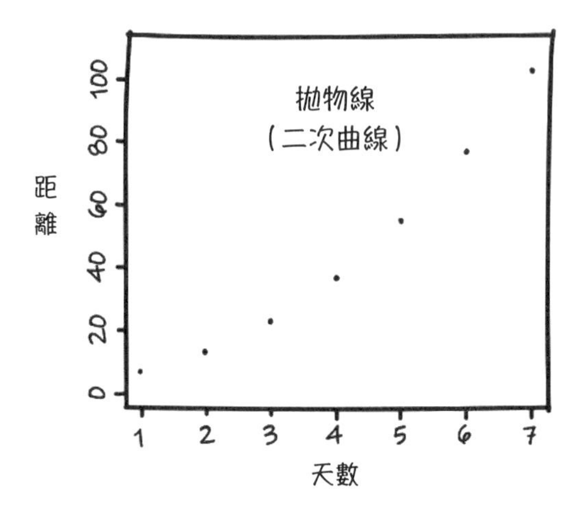

下圖中，畫出了幾條使用不同力道投擲網球的曲線。x 軸和 y 軸的單位並不重要，當然將單位視為公尺也沒問題。關鍵在於這些不同力道的投擲結果，皆呈現出相同類型的拋物線，每條拋物線都是網球受到重力下拉，所呈現的結果。

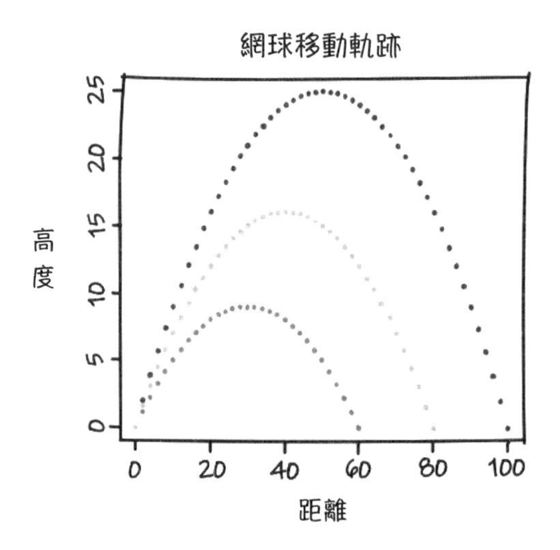

當心過度擬合

當然，也有可能出現其他更奇特的曲線，但是自然界中並不常見。拋物線之所以稱為二次曲線，是因為曲線的方程式含有時間的二次項（又稱平方項，時間乘以時間的項）。「二次」的英文是 quadratic，含有拉丁文前綴 quadri- ，這是「四」的意思。用「四」來代表「二」似乎有些奇怪，原因是英文的平方（square）與正方形是同一個字，而正方形是一種四邊形（quadrangle），因此「二次」的英文才會使用 quadratic。

理論上可以想像出，含有時間三次項（時間乘以時間乘以時間）、四次項、或更高次項的曲線。這類曲線通稱為多項式曲線（polynomial curve），然而多項式曲線往往會模糊掉重要資訊。這是因為：當你提供各種可能出現的狀況之後，電腦往往能找到一條「貌似能夠解釋有限時段內的資料點」的曲線，但是這條看似準確的曲線，很可能只是偶然畫出，這樣的曲線往往完全無法預測未來值。

眾所皆知的荒唐故事，發生在美國新冠肺炎疫情爆發初期，當時美國經濟顧問委員會主席，竟然畫出這種貌似準確無比的多項式曲線，預測美國新冠肺炎死亡人數「將在 2020 年 5 月 15 日降至零」。《華盛頓郵報》稱這條曲線為三次擬合（cubic fit）曲線。令人遺憾的是，事實和這項預測相差甚遠。

甚至還有人使用更奇特的曲線，來模擬新冠肺炎傳播。以色列太空總署的負責人班依斯雷爾（Isaac Ben-Israel），就曾使用含有時間六次項的多項式曲線，演示病毒必定會在 70 天後消失，還因此博得媒體報導。然而，這個模型和真實世界的狀況同樣完全沾不上邊。

根據經驗法則，曲線在有限時段內就算十分靠近資料點，也無法代表充足意義。重點在於：要能合理解釋為何會畫出這條曲線。例如，我們或許可以找到合理的理由，說明時間三次項、甚至時間六次項，是影響資料產生的因素，然而如果找不到任何合理的理由，這類硬邦邦的曲線擬合就非常值得懷疑。

雖然我們通常會很想將複雜的多項式曲線，擬合到資料上，但很可能會產生過度擬合（overfitting）的風險。我們總會覺得，如果能找出一條可將所有資料點連接起來、看似得以完美解釋複雜資料的多項式曲線，就不會僅能看到一張有許多零散資料點的圖。但是如果再多納入一些資料，新資料點就幾乎不可能完美落在擬合曲線上。多項式曲線雖然是緊貼著原始資料點繪出的，但卻幾乎沒有任何預測未來的價值。

據傳，博學多聞的科學家馮諾伊曼（John von Neumann，出生於匈牙利的美國數學家、電腦科學巨擘）曾說過：「給我四個參數，我可以擬合一隻大象，給我五個參數，我可以讓大象搖動長長的鼻子。」馮諾伊曼這句話的意思是，只要有足夠多不同類型的模型（例如，含有許多不同次方項的多項式函數），則各式各樣的行為幾乎都能寫成數學函數，但這些函數很可能無法有意義的解釋任何現實生活現象。

此外，根據奧坎剃刀（Occam's Razor）法則，或僅僅只是想要使用更簡單的模型，除非有非常充分的理由，足以相信這類函數站得住腳，否則我們應該高度懷疑這類過度詳盡的解釋模型。

回到冰麵包的例子，就能說明上述觀點。還記得擔任咖啡店老闆的你，連續幾週分別賣了 143、136、147、144、149、147 和 153 個冰麵包，並且假設你想要預測未來的銷售量。其中一個簡單的想法就是，利用這些資料點，擬合一條多項式曲線。藉由某些數學技巧，你應該能找到一條「完美」擬合資料點的曲線，請見下圖。

如同班依斯雷爾的新冠肺炎例子，這是一條「六次多項式曲線」，也就是包含了「週次的六次方」這一項的函數曲線。如圖所示，曲線正巧穿過每個資料點，似乎完美解釋了所有資料點。

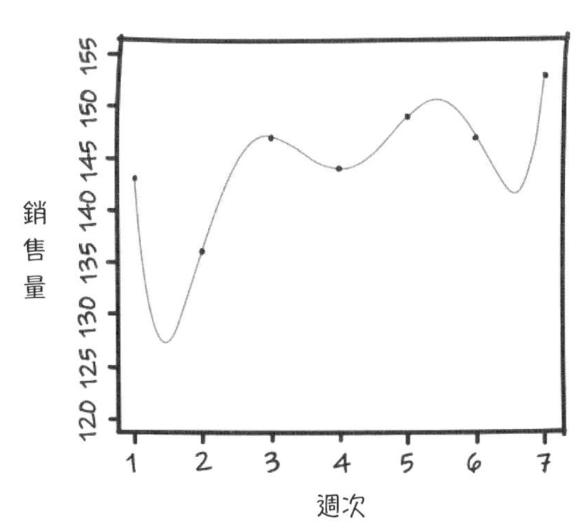

然而，如果要使用這條曲線來預測未來的冰麵包銷售量，就會遭遇到問題。如上一頁的圖所示，曲線到了第 7 週時，已經十分陡峭了，而且顯然之後會愈來愈陡峭。事實上，如果將時間軸多延伸一週，就必須大幅增加 y 軸各刻度代表的數值，否則可能一整頁都畫不下曲線。曲線預測第 8 週的冰麵包銷售量，將會高達 437 個，如下圖所示。先前看到的銷售量變動範圍非常小，第 8 週銷售量預測結果如此之大，真是令人驚訝！

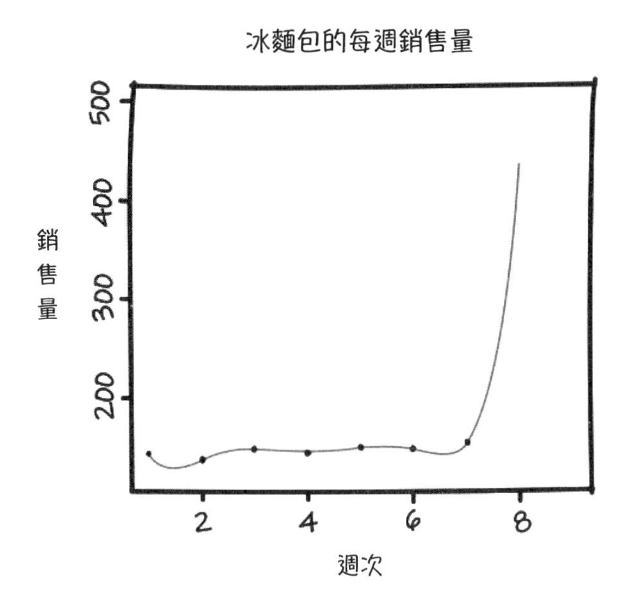

當然，這樣的銷售量，理論上確實有可能出現。或許剛好某個馬戲團來到鎮上，然後幫他們的大象買了冰麵包大餐。又或許

這家咖啡店會像英國柯芬特里市的炸魚薯條店 Binley Mega Chippy 一樣，在抖音（TikTok）上掀起莫名風潮，吸引全國各地的年輕人來朝聖。但如果咖啡店老闆僅僅根據一條控制得服服貼貼的數學曲線，就假設上述狀況會發生，然後預先烤好了 400 多個冰麵包，就真的是過度樂觀了。

而且，即使我們相信第 8 週的預測結果，第 9 週之後，曲線很快就完全失控。因為這條曲線預測第 9 週可以賣出 1,907 個冰麵包，而第 15 週時，預測值來到 336,381 個冰麵包！這明顯不可能實現。

這就是過度擬合的一個絕佳範例：畫出一條通過所有資料點的曲線，然後據此做出愚蠢的推斷。過於完美解釋目前資料點的模型，相較於擬合較寬鬆的模型，可信度更低。這聽起來雖然很奇怪，但卻是事實。

因此，無論數學模型在較短時段內看起來多麼吸引人，都一定要記得，不要過於相信單一數學模型。你對任何預測，都需要先進行「氣味測試」（smell test），看看是否合理。第二單元〈隨機性〉將會說明，其中一個避免過度擬合、並且能產生更簡單可信預測結果的方法，就是採用隨機變動（random variation）的概念。但我們先把這個概念按下不表，接下來，我們將繼續探討更多數學結構。

結論

本章中，我們開始深入思考資料，並且瞭解繪圖呈現資料的價值。繪圖能幫助我們思考資料可能的產生方法，並且考慮資料是否可能呈現線性或二次成長。然而，過度擬合可能會讓我們做出極度自信、但實則完全不準確的資料推斷。我們永遠都要嘗試思考：數字背後的處理過程，以及函數和曲線究竟是如何得出。

課後作業

如果大家想嘗試應用本章學到的概念，可以試著尋找新聞或其他來源的資料圖。仔細想想報導中想要告訴讀者的故事，試試能否找到數字呈現方法中，隱藏了什麼花招。然後再想想，使用這些資料圖去預測數字未來的走向，是否合理。

第 2 章

在合理範圍內估算

2022 年 6 月，據報美國國債為 30,536,360,095,124 美元，這個數字看起來就十分嚇人。科學界對這樣的巨大數字早就習以為常，例如，距離地球最近的恆星 —— 比鄰星（Proxim Centauri），也遠在 40,208,000,000,000 公里之外。這個距離相對浩瀚宇宙來說微不足道，但對於在地球活動的人類來說，依然無比震撼。

我們每天可能都會聽聞涉及數萬、數億、甚至數兆英鎊的新聞，包含最新的足球員轉會交易、政府的各項巨額支出、或是英國國債規模等等。還有一些響噹噹的數字，諸如：英國國會議員每年薪資為 84,144 英鎊；英國失業人口約為 126 萬人；馬斯克（Elon Musk）出價 440 億美元購買推特；2022 年 1 月，蘋果公司成為第一家市值超過 3 兆美元的公司。

我們可能輕易就會略過這些源源不絕的數字，但身為一位盡責的公民，應當盡力理解這些數字的真正涵義。本章將會提供一些處理數字洪流的技巧，並且學習如何理解數字的涵義。由於我們日常生活中會不斷接收到大量統計數據，本章提供的技巧必定能應用在許多情境，具有極高的價值。

善用近似值

首先，如同先前提過，「任何」數字都無法絕對準確，發布數字或理解數字時，應該要放棄不切實際的準確性。例如，維基百科（Wikipedia）告訴我：「截至 2018 年 11 月 8 日，美國的人口總數估計約有 328,953,020 人。」問題十分明顯，我們怎麼可能知道確切的人口數？人們不斷出生、死亡、遷入和遷出，怎麼可能給出一個精準到個位數的人口數呢？

更何況，就算有辦法知道如此精準的人口數，這對於我們瞭解真相，有任何幫助嗎？就這個數字而言，我會想要四捨五入到 330,000,000 人，也就是 3.3 億人，甚至更可能估算為 3 億人，就可以了。單就估算美國相關資訊而言，例如，美軍人數的占比或美國人因槍擊而死亡的比率，這樣的人口數字已經足夠精準。

況且，過度精準的預測或資料量化，加上引用時沒有提供誤差範圍，或者提供的誤差範圍太小，都警示著資料數字很可能有問題。例如，538（FiveThirtyEight.com）民意調查網站，在 2020 年美國總統選舉時，提出拜登贏得佛羅里達州的機率為 69%，這個數字代表什麼意義呢？ 69% 和 70% 的勝選機率有何不同？我們可能必須舉辦數千次選舉，才能真正找出兩者的差異，這樣的差異真的有那麼重要嗎？這樣過度精準的數字，至少比起 2012 年來說，已經改善許多。當時 538 民意調查網站提出歐巴馬的勝選機率為 90.9%，實務上這個機率和 91% 的差異，根本就測量不出來。

但還有一個比上述事件更嚴重的問題，就是新聞報導和官方統計中提到的數字，巨大程度都難以想像。大部分人對於幾千或幾萬，以及這麼大的數字所代表的意義，都能夠接受，但談到數億、甚至數兆的話，就是另一個世界了。

現在許多人聽到如此巨大的數字，自然反應就是瞪大眼睛發傻，或是無法集中注意力，腦袋一片空白。或許正因為如此，許多記者也受到相同影響，報紙刊登出錯誤數字，早已屢見不鮮，像是幾億或幾兆的數字，就有可能少加或多加幾個零。舉一個發生在 2020 年 3 月的誇張例子，當時 MSNBC 的新聞主播威廉士（Brian Williams）毫無遲疑就讀出一條推特的推文內容：「彭博在 2020 年的總統選戰（民主黨初選）中落敗，競選花費高達 5 億美元。美國人約有 3.27 億人，彭博將選戰經費發給全美國人的話，每人可以領到超過 100 萬美元。」

如此重大的錯誤，會嚴重損及評論人的信用，還會被做成丟臉的短片在網路瘋傳。因此，如果心中記得一些相近數字，用以比較及確認資料數字正確與否，可能會十分有幫助。例如，有史以來最昂貴的球員轉會費為：內馬爾（Neymar）交易到巴黎聖日耳曼足球俱樂部，交易金額接近 2 億英鎊，也就是 5 個內馬爾價值 10 億英鎊；相比之下，兩艘英國最新的航空母艦則要價 80 億英鎊；而英國國民保健署的年度預算，約為 1,300 億英鎊；英國國內生產毛額（GDP）則約為 2 兆英鎊，大約為 1 萬個內馬爾的價值。

上述所有數字都僅只是近似值，而且無疑會過時。但如前所述，我們並沒有要尋找過度精準的數字，而是要對引用數字的涵義，有一定程度的瞭解。

因此，如果大家聽到有人聲稱，英國國債的利息每年僅需支付 6 千萬英鎊，則應該要提出質疑：英國有可能負債如此之少，利息費用僅相當於英格蘭足球超級聯賽（Premier League）前鋒的交易價格嗎？同樣道理，如果聽到一棟新建築售價 300 億英鎊，或許能夠合理提出，這棟建築值得航空母艦的數倍造價嗎？這兩個例子中，數詞單位很可能搞錯了（譯注：原文為 60 million 和 30 billion，作者認為正確數字應為 60 billion 和 30 million，即英國國債利息每年 600 億英鎊，新建築售價 3 千萬英鎊）。透過考慮這些比較對象，並且熟悉各種數字大小的意義，就能夠快速察覺到其中的問題。值得注意的是，許多人都會輕易接受道聽塗說的數字資訊，而不會思考這些數字是否能通過基本的「氣味測試」。

當然，將幾萬和幾億搞反，是非常極端的錯誤，相對容易發現。另一種比較不容易發現的錯誤，就是用錯了數學家稱為數量級（order of magnitude）的數字。一個數量級的差距相當於 10 倍，因此，兩個數量級代表的是 100 倍（10 乘以 10）、三個數量級為 1,000 倍（10 乘以 10 乘以 10），以此類推。就算使用計算機，若是在計算時，0 的數量不小心輸入錯誤，就很容易出現數量級錯誤，而撰稿記者和新聞編輯也經常會發生這類錯誤。這就是為何要對這類巨大數字，培養出某種程度感覺的另一個重要原因。如果你對於看到的數字，感覺太大或太小，那很可能就是出現了數量級錯誤，最好再三檢查確認。

用「人均」概念搞懂政府預算

想搞懂政府或其他單位公布的大筆資金，最好的方法就是以「人均」為基礎來思考。很明顯的，政府支出與家庭預算並不相似，不同群體和組織繳交的稅金也各異，因此政府預算花費在各實體的比重也不同。儘管如此，仍然可以使用「人均」的概念，做出粗略計算。

如前所述，我們可以將美國人口視為 3 億人，這樣可以讓計算更方便。例如，維基百科提到，福特級核動力航空母艦造價高達驚人的 128 億美元。這邊同樣可以採用近似值，例如當作 150 億美元，反正我們也不認為政府計畫的實際支出，總是恰好和預算書相同。因此，150 億美元除以 3 億人口，就會得到每人 50 美元。雖然航空母艦造價不便宜，但也還不算巨額支出。

回到本章一開始提到的，美國的國債金額據傳為 30,536,360,095,124 美元。我們嘗試看看讓這個數字變得有意義。首先要先計算位數，第 9 位為億，因此這一長串數字可以理解為 305,363 億美元（有些人可能會將這串數字看做 30 兆美元，但金額單位和人口單位相同的話，計算上較為容易）。這裡同樣忽略過度精準的數字，因為後面幾位數可能已經改變了，因此可以想成 300,000 億美元。而 300,000 億美元除以 3 億人口，可以得到每人 100,000 美元，也就是 10 萬美元。這已經超過大多數美國人的年收入。

當然，如果相信所有數字皆一位數不差，並且不要四捨五入任何數字，那依然可以完成相同的計算。或許我們無法心算，但可以使用計算機得到結果。直接用計算機得出的結果為：航空母艦實際造價為每人支出 38.91 美元，國債則是每人背負 92,828 美元。知道這些更精準的答案，並無法真正幫助我們更清楚理解這些數字。

上面這些計算，並不代表我要對政府特定計畫的價值或成本效益，做出任何評判。但如果學會這些近似值計算，就能讓我們使用更容易理解的數字，來分析新聞頭條數字。當然，學會計算方法後，如果有人提出美國少買一艘航空母艦，就能夠償還國債的話，大家就能夠合理提出懷疑。

雞毛蒜皮定律

事實上，帕金森瑣碎定律（Parkinson's Law of Triviality，又稱雞毛蒜皮定律）成立的狀況如此之多，確實讓我感到驚訝。正如同定律所聲稱的，大多數的討論往往聚焦在無關緊要的零頭數字，而看不到重要位數造成的影響。

多練習這類計算，並且習慣用這種方法評估新聞中的數字，必定能讓大家獲益良多。若大家能確實力行，便會發現自己更容易發現社群媒體上所看到論點的疑點。

大家可以用以下這些論點，馬上練習看看。假設在臉書上看到有人提出，我們應該將國會議員薪資減半，並用來補助失業救濟金。這個提案或許振奮人心，但實際上究竟能讓每位失業者多領到多少錢呢？類似議題還有，究竟平均每個英國人每年繳納的稅金，有多少比例用於英國皇室開銷呢？

將計算用的數字取近似值，能讓計算更容易。而在腦海中記下其他數字，也往往能派上用場。例如，蘇格蘭的人口約為 500 萬人、英國約有 900 萬人年齡超過 70 歲，以及英國約有 3,000 萬個家庭和 200 萬名學生等等。這些既不是最新數字，也並非完全準確，但這些數字能讓我們比對相關提案的相對預算成本高低。

還有一個需要注意的問題是，有時這類政策涉及多年計畫。例如，我並不認為美國每年都會購買一艘新的航空母艦。這種情況下，估算時可能會想要將頭條數字計算為每人每年的數值。然而，在第 3 章〈對數刻度下的指數成長〉將會看到，貨幣和複利皆為指數成長，因此可能需要在心中將數字加上通膨調整，才能夠考慮到長期計畫超額支出的問題。

同樣還必須記得，同一筆數目的現金在 2040 年的價值，會和現在大不相同，原因是貨幣價值會受到通膨影響，而產生指數衰減（第 3 章將會詳細討論），不同時期 1 億元能買到的東西並不相同。上述問題能部分解釋為何政府難以進行長期預算預測。

費米估算

以上所說的思考方式十分有意義，如果能嘗試實際應用，將會更有價值。這樣的估算方法借用了偉大物理學家費米（Enrico Fermi）之名，稱作「費米估算」（Fermi estimation）。

費米應用這類估算方法最著名的事蹟就是：在 1945 年 7 月第一顆原子彈試爆時，他向空中撒出碎紙片，觀察氣浪吹走紙片的距離，藉此估算原子彈的爆炸當量。利用紙片丟下的大約高度和被氣浪吹走的大約距離，費米能夠估算出原子彈的氣浪壓力，然後再估算所在位置與爆炸地點的距離，就能計算出若要在此距離下產生這麼大的壓力，原始爆炸地點釋放的能量需要多大。令人訝異的是，費米粗略估算方法得出的估計值，相較於最後大家確定的數值，相差不到一倍。2020 年 8 月的貝魯特爆炸事故也應用了類似方法，有人根據一段影片中，新娘禮服受爆炸氣浪吹動的狀態，來估算爆炸威力。

費米估算法如何使用，非常值得我們瞭解。費米問題的一則經典例子，來自一題企業面試題：「在布里斯托市，有多少位鋼琴調音師？」我們可以單純猜測，但也可以分成多個階段估算：多少人住在布里斯托市？多少百分比的人擁有鋼琴？鋼琴多久需要調音一次？專業調音師每小時可以調整幾臺鋼琴？鋼琴調音師每天工作幾小時，每年工作幾天？

相較於直接估算有多少位鋼琴調音師，上述這些數字更容易推理和利用直覺來估算，結合所有估計值之後，就能得到問題合理的最終答案。

舉例來說，我可能會猜想，布里斯托的居民有 500,000 人。或許有 2% 的人擁有鋼琴，也就是說有 10,000 臺鋼琴需要調音。或許鋼琴每年需要調音 1 次，每次需要 1 小時，所以每年調音工作的總時數為 10,000 小時。或許調音師每天工作 8 小時，每年工作 200 天，所以一名調音師一年調音的時數為 1,600 小時。因此，布里斯托市可能需要大約 6 位鋼琴調音師？

如果在谷歌（Google）上查詢的話，布里斯托市大概有 9 位或 10 位鋼琴調音師。雖然我沒猜對，但答案已經很接近了。

費米估算神奇之處在於：多項不同的估計值結合起來，就能回答我們感興趣的大問題。顯然，我們並不期望每個估計值都能正確無誤。但使用正確方法結合各個估計值，就能找到大問題的大致答案。我們可以合理預期，每個估計值都有同等機會高估或低估，因此誤差很可能會互相抵消，而最終得出的結果會出乎意料的準確。利用之後會在第 5 章〈隨機散布的資料〉討論的大數法則（Law of Large Numbers），就能更清楚瞭解原因。大數法則的非正式說法是：如果誤差皆為獨立產生，並且有足夠多隨機項目相加後，則各種隨機性和誤差「往往會互相抵消」。

這意味著，如果能夠合理將費米問題分為愈多階段，則估算值愈準確。由於搞錯其中一個來源的資料，不太可能會影響另一個來源的資料，所以假定每個階段的估計值皆獨立，十分合理。例如，估算有多少人住在布里斯托市，完全不會影響估算調音一臺鋼琴需要花費多少時間。因此，費米估算往往有絕佳表現，能夠當作快速得到複雜問題初步近似值答案的工具。

費米估算的另一個知名例子是德雷克公式（Drake equation），德雷克公式試圖估算銀河系中，文明發展程度「足以傳送訊號到地球，讓人類能夠接收到訊號」的行星數量。德雷克公式也使用類似的乘法方法：考慮恆星形成率，以及多少比例的恆星擁有行星等等因素。但公式得出的答案，凸顯了費米估算的一項重大限制。根據公式中各項的估計值不同，所得出銀河系中能夠傳送訊號的行星數量，從百萬分之百萬分之一、到幾千萬個行星，都有可能。之所以差異如此之大，是因為德雷克公式中某些項的數值不確定性極大。

舉例來說，德雷克公式中有一項為：發展成熟、足以發射訊號到太空中的文明的平均壽命。德雷克認為這類文明的平均壽命可能落在 1,000 年到 100,000,000 年之間，上下限已經相差了 10 萬倍（100,000 倍）。另一項是演化出生命的行星中，繼續演化出智慧生命的比例。此項的估計值為十億分之一到 1，上下限差距達到 10 億倍（1,000,000,000 倍）。這兩項的不確定性，還需要相乘，就算不考慮其他項，已經足以讓最終可能答案的差距，達到 100 兆倍（100,000,000,000,000 倍）。

問題就出在：德雷克公式中的各項數值基本上皆無從得知。我們擁有某些日常生活經驗，能讓我們猜測合理數字，例如，布里斯托居民有多少比例擁有鋼琴，但相較之下，我們幾乎沒有任何證據，能夠知道其他行星上的生命或文明是什麼樣子。因此，我們或許能得出以下結論：在我們能合理估算每一階段的問題的答案時，費米估算能夠得到最佳結果；然而，德雷克公式中的每一項，幾乎都無法得出合理估計值。

近似值和染疫致死率

在新冠肺炎疫情期間，數字推理、估算合理數字、以及檢查引用的數字是否通過「氣味測試」等等技巧，都極其重要。在新冠肺炎疫情下，有兩個數字十分值得討論：染疫致死率（infection fatality rate, IFR）和群體免疫閾值（herd immunity threshold, HIT）。將兩者一起考量的話，可以檢驗一些特別離譜的說法。此外，藉由說明即使如此簡單的數字也會出現的問題類型，就能讓大家知道無論在何種情況下，都需要小心處理媒體報導的數字。

疾病的染疫致死率，即染疫病人將會死亡的百分比。然而，大家需要特別注意，包含新冠肺炎在內的某些疾病，並沒有唯一的染疫致死率，並非所有人受到疾病的影響都相同，不同年齡層的風險差距甚大。為了更具體說明，在此提供給大家由英國醫學研究委員會生物統計組（MRC-BSU），在 2020 年夏季估算的英國疫情相關數字。

疾病對老年人影響的相對嚴重程度，十分令人震驚：MRC-BSU 估計，超過 75 歲的老年人，染疫致死率高達 11%；而 65 歲到 74 歲，則下降為 2%；44 歲以下的所有年齡層，染疫致死率為 0.04% 以下，愈年輕的族群，染疫致死率愈低。綜合來看，英國的整體平均染疫致死率為 0.7%。

早在疫情初期，大家就發現，不同年齡層的染疫致死率差異極大。這足以解釋即使大家都清楚年輕人若失去生命，損失的生存年數較多、影響較大，但老年人卻是最需要保護、避免染疫的對象，因此也促使政府推出老年人優先接種疫苗的政策。

除此之外，值得注意的是染疫致死率會受到醫療照護影響。有些原本會死亡的人，如果得到醫院治療，就有可能活下來。這意味著如果醫院量能不足，就會產生更高風險，包含缺乏病床、缺乏受過訓練的醫療人員、或者缺乏其他資源，無疑都會導致染疫致死率上升。2021 年春季印度的疫情慘況，就是其中一例。

另一個與染疫致死率類似的常見相關比率為「確診致死率」

（case fatality rate, CFR），確診致死率指的是檢測為陽性的病人，最終死於新冠肺炎的比例。確診致死率相較之下更容易計算，因為確診人數和死亡人數都可以直接獲得。但由於確診人數取決於檢測量能，造成確診致死率也受到檢測量能影響，因此疫情早期和晚期的數字並無法比較。當然，檢測永遠無法涵蓋所有染疫的人，因此確診致死率和染疫致死率並不相同，大家務必要注意，不要將兩者混用。

此外還有各種延遲問題，再加上染疫人數呈現指數成長或指數衰減，計算上更不容易。我們需要比較的是：目前的死亡人數和導致這些死亡的確診病例人數，也就是需要和大約 21 天前到 28 天前的確診案例數做比較。

使用根據年齡分開計算的染疫致死率，相較於僅根據確診案例數粗略計算的結果，更能夠精準預測死亡人數。例如，據新聞報導 2020 年 10 月 29 日，法國 75 歲以上老年人當中，一週時間內每 10 萬人就有 375 人檢測出陽性。將此結果當作每天每 10 萬人有 50 人確診，並使用費米估算可得：法國人口共有 7,000 萬人，10% 超過 75 歲，因此共有 700 萬人年過 75 歲（約為上述 10 萬人樣本的 70 倍），因此 50 乘以 70 會得到 75 歲以上老人每天有 3,500 人確診。根據染疫致死率 10% 估算，檢測出陽性確診的 75 歲以上老人當中，會有 350 人死亡，因此如果實際染疫人數為檢測出陽性人數的兩倍，則光是 75 歲以上老人，每天估計就會有 700 人死亡。

這個數字如同其他費米估算，並非絕對準確，但用來比較數字是很好的出發點。實際上在三週之後，法國的死亡人數達到每天 626 人。

另一件令人震驚的現象出現在 2020 年夏天。當時美國佛羅里達州、法國和西班牙的確診人數雖然急劇增加，但死亡率卻沒有隨之上升，這個結果已經將染疫和死亡的延遲納入考量。這個現象導致了「確診流行」（casedemic）的說法，意味著大家認為確診病例數雖然大增，但病毒的毒性已經減弱了。但是，之後的死亡人數增加，顯示這僅僅只是假象。死亡人數延遲增加的原因有兩個，首先是檢測的量能增加了，導致更多人檢測出陽性而列入確診數，讓確定因確診新冠肺炎而死亡的人數增加了（同時也會造成確診致死率下降）；再者是早期染疫族群集中在年輕人，之後才擴散到老年人。

近似值和群體免疫閾值

另一個引起大量討論的數字，就是群體免疫閾值（HIT）。傳統模型中，疫情爆發時，每個染疫者會傳染給 R_0 個人。隨著時間經過，就算沒有保持社交距離，R_0 最終也會下降，原因是群體的成員染疫後，會開始產生病毒免疫力。某些原本仍會遭到感染的人，已經不會再次染疫，因此感染率會漸漸下降。

我們甚至可以計算出需要多少人染疫，才能達到群體免疫：如果群體中至少有（R_0 − 1）／R_0 的人曾經染疫，則會有超過（R_0 − 1）個原本會造成感染的接觸失效，這代表每位染疫者傳染的人數少於 1 人，疫情就會逐漸消失。（實際上，疫情會以指數衰減的速率消失，詳細說明請參考第 3 章。）

（R_0 － 1）／R_0 這個比率就稱為群體免疫閾值。標準估算提出原始的新冠肺炎病毒株 R_0 約為 3，因此群體免疫閾值為 2/3，相當於 66% 的群體總人口。因此，只要超過 66% 的人感染了新冠肺炎，確診數就必定會下降。

許多人提出了各種不同觀點，認為這個比例可能估算得太高了。例如，或許有一部分人天生就擁有一定程度的免疫力。某些於第 10 章〈漫步、排隊和網路〉會詳細討論的數學模型，則是認為：因為工作或生活因素而會接觸到更多人的族群，有更大機會率先接觸到病毒，只要這些人免疫了，整個社會的確診人數就必定會下降。

上述兩種說法或許都有一定道理。然而，到了第一波歐洲疫情結束後，出現了這樣的理論：群體免疫閾值可能低至 20%，只要染疫人數達到這個比例，各地的疫情就會自然消失。之後的研究顯示這個預測過於樂觀，染疫人數下降極有可能是因為社交距離，以及歐洲人夏天有更多時間待在室外的影響。

事實上，簡單討論就能立刻排除染疫致死率和群體免疫閾值中一些不合理的數字。英國約有 7,000 萬人，而大約有 196,000 名英國人死於新冠肺炎。我們可以馬上算出，就算假設所有英國人都染疫，染疫致死率至少都還有 0.28%。事實上，疫苗接種很可能在 2022 年初已經大幅降低英國的染疫致死率，估計降低到接近 0.05%。但是很明顯的，原始病毒株和更致命的 Alpha 與 Delta

變種株的染疫致死率，比起許多人聲稱的都還要高。未接種疫苗死亡的風險，明顯比接種過疫苗高出許多。

染疫致死率和群體免疫閾值可以放在一起探討。雖然某些專家抱持樂觀態度，但實際上不太可能兩者同時得出樂觀數據，原因是：在資料提供固定死亡人數的條件下，群體免疫閾值低，則染疫致死率就會變高，反之亦然。（譯注：可以想像群體有 100 人，如果其中確定有 5 人死亡，假設群體免疫閾值為 40%，即會有 40 人染疫，染疫致死率為 5/40 × 100% = 12.5%；假設群體免疫閾值為 20%，即只會有 20 人染疫，染疫致死率則為 5/20 × 100% = 25%。觀察染疫致死率的算式會發現，群體免疫閾值愈低，則算式中的分母愈小，計算出的染疫致死率會愈高，反之亦然。）

例如，如果有人聲稱病毒並不可怕，因為染疫致死率為 0.2% 而群體免疫閾值為 20%，也就是說，最多只會有 1,400 萬英國人感染，而且最多只會有 28,000 名染疫者死亡。根據我們目前掌握的資料，上述聲稱完全不可能出現，只要任何人手上有一臺計算機，就能夠立即反駁這個想法。因為聲稱的死亡人數遠遠小於實際觀察到的數字（196,000 人），就算考慮誤差範圍，上述聲稱也完全不成立。甚至，你只要使用先前提到的近似值方法，就足以反駁這些理論數字了。

如果我們都對數字更敏感，疫情相關的錯誤聲稱和其他問題就不會那麼容易以訛傳訛。而我說明的這些技巧，正好能夠幫助大家培養對數字的直覺。

一般來說，清楚瞭解任何報導的資料和調查的統計數據，十分重要，這些數字往往會受到選擇性報導，以支持特定的結論。身為閱聽大眾的我們，不可不慎。

計算電子郵件轟炸量

我想再提供一個例子，說明前面提到思考數字的方法，如何幫助我們理解每天遇到的數字。我和大部分的人一樣，每天都遭受到電子郵件轟炸。我有很多個電子郵件帳號，包含個人帳號和工作帳號，其中還有共用的信箱，而監控這些信箱也是我的工作之一。但我的電子郵件收發數量是否異於常人呢？一般人每天收發的電子郵件數量是多少呢？

這類問題的答案，通常取決於何謂「異於常人」。但如果能嘗試好好確定細節，往往比只提供單一答案，更能讓大家理解整個問題。如果我在谷歌上搜尋「全球每日電子郵件流量」（daily worldwide email traffic），就會找到 statista.com 的網頁，該網頁上提到 2020 年每天傳送和接收的電子郵件數量達 3,064 億封。我目前沒有任何理由懷疑這個數字，因此可以直接將這個數字當作準確的數字。

我們可以使用這個數字，開始想像一般收件匣內的郵件轟炸狀況。在此同樣將數字取個近似值 3,000 億封，並且以人均的觀點來思考。全世界約有 77 億人，如果取 75 億人，就能夠得到一個漂亮的答案：3,000 億封除以 75 億人等於每人 40 封。因此表面上看來，會覺得所有人每天平均會收發 40 封電子郵件。雖然非常多，但或許還在可接受範圍內吧？

然而，我們要小心平均值的意義，必須考慮平均值是否為具有代表性的測量方法。再次使用谷歌搜尋「全球有多少人使用電子郵件」（how many people in the world use email），可以得到全球約僅有 40 億人使用電子郵件，相當於稍微超過全球一半人口。因此也許有人認為，我們應該將 3,000 億封電子郵件除以活躍的使用者，會得到每人 75 封，這個數字會讓大家感到有些可怕了嗎？這兩種計算方式姑且不論哪個較為正確，但至少告訴我們：不同的假設，會得出不同的答案。

此外，深入思考後會發現，電子郵件的收發量可能也沒有統一的計算方法，頭條數字提供的數量並不一定是唯一答案。我的意思是，電子郵件本質上是一種非對稱通訊方式 —— 訊息只會單向傳送，並不保證一定會收到回覆。例如，如果一家超市使用電子郵件傳送重要通知給所有英國消費者，很可能一次就會傳送電子郵件給 500 萬人。或許某些消費者會回覆，但大多數人都不會回覆。藉由此例，大家會開始發現，根據我們計算的是接收或傳送電子郵件，得出的收發量會大不相同。

這也是頭條數字 3,000 億封定義並不明確的原因之一。如果我傳送電子郵件給 6 個人，這算是 1 封還是 6 封電子郵件呢？如果以我打字花費的時間而言，只能算是 1 封電子郵件，但如果以收件者的認知負荷而言，就應該算是 6 封電子郵件。我認為應該算成 6 封。但需要注意的是，我並不太清楚 3,000 億封電子郵件這個數字，是否應該要如此理解。

因為我已經決定將傳送給 6 個人的電子郵件，視為 6 封分開的電子郵件，我們會發現接收和傳送的電子郵件總數應當相等，因此兩種類型的電子郵件樣本平均數會相同。然而，樣本平均數並無法呈現電子郵件收發的實際狀況。

正確答案有時並非單一數字

傳送電子郵件方面，會有許多流量超大的帳號，包含商店、電子報，以及機器人經營的垃圾帳號，基本上這些帳號都是以廣播模式經營，傳送電子郵件給大量收件者。因此，傳送量平均值會被這些大量寄送電子郵件的帳號拉高，而我個人傳送的電子郵件數量小於平均值，十分合理。

另一方面，接收電子郵件數量的範圍分布則較窄。接收大量電子郵件的帳號很可能非常少，即便是超市的客服信箱，也不會在一天當中，就收到所有消費者的電子郵件。由於我被列入許多電子郵件寄送清單中，因此如果我收到的電子郵件數量接近平均值、甚至超過平均值，我也不會感到太意外。

這些現象直觀上看來，都非常合理：一般來說，即使算上傳送副本給多人的電子郵件，我傳送的電子郵件數量，依然會小於接收的電子郵件數量。然而，接收電子郵件所需花費的心力，比起撰寫電子郵件還要小得多。我的收件匣中，大部分都是可以直接忽略、過濾或刪除的大眾傳播信件和電子報，因此我感到的負擔並不能單純以數量來衡量。

值得注意的是，上述的這些討論皆未回答一開始的問題，也就是「我的電子郵件收發數量是否異於常人？」總歸來說，廣泛的一般情境或整體全球平均，可能一點都不重要。我並不是生產垃圾郵件的機器人，也不住在沒有網路的非洲喀拉哈里沙漠。我是一名西方國家的上班族，因此唯一合理的情境，就是要和同類型的那群人比較。

最佳做法可能是不要參考整體平均值；相較於不分族群的民意調查，更應該進行的是特定對象的調查。即使如此，還是存在一些問題，不僅只有前面提到的接收和傳送電子郵件的差異，取樣上也可能會遇到麻煩（要選擇哪些上班族？如何選擇？），調查對象回報上可能也需要探究（單純詢問調查對象的電子郵件流量嗎？調查對象可能會無意間誇大回答的流量；還是要直接監控電子郵件收發狀況呢？）。第 11 章〈搞懂測量方法〉將會回頭探討這些問題。

整體來說，我想表達的是：像是「我的電子郵件使用狀況正常嗎？」這類問題，正確的答案有時並非單一數字，而是取決於「怎麼樣算是使用狀況正常」。

結論

本章討論了許多理解新聞或其他資料來源數字的方法。使用近似值處理數字，並不會造成什麼大問題。而將嚇人的預算數字計算成「人均」數字，或者使用費米估算等技巧，可以幫助我們在數字叢林中找到正確方向。我也提出了一些例子來說明這些想法，包含新冠肺炎疫情的染疫致死率和群體免疫閾值問題，以及說明了要給出「人們一天收發了多少封電子郵件？」這類問題的單一明確答案有多麼困難。

課後作業

我鼓勵大家多多練習本章說明的技巧，直到不假思索就能應用為止。每當大家在新聞或其他資料來源看到大數字，試著想想大數字所代表的真正含意，並且使用我所說明的技巧仔細檢查，說不定大家會發現新聞記者或政治人物計算錯誤的地方。如果大家找到了數字錯誤，非常歡迎和我分享！

大家也可以試著每天計算收發的電子郵件數量持續一個月，然後看看結果和本章提到的數字是否相符。

第3章

對數刻度下的指數成長

足球員轉會費高漲

大家可能發覺，足球員轉會費已經完全失控了。足球員以6千萬英鎊、甚至更高的金額轉會，早已見怪不怪。上一章我提到，內馬爾於2017年的轉會費打破了紀錄，實際金額為1.98億英鎊。比較一下，史上留有紀錄的第一筆轉會交易發生在1893年，由我支持的阿斯頓維拉足球俱樂部，以100英鎊的「天價」買下了蘇格蘭前鋒格羅夫斯（Willie Groves）。轉會費從格羅夫斯的100英鎊，衝高到內馬爾的1.98億英鎊，僅僅費時124年，聽起來十分不可思議。未來還有可能出現更高的轉會費嗎？轉會費高達10億英鎊的足球員，有可能出現嗎？

前面我已經提過，要初步瞭解資料的絕佳方法，就是將資料畫在圖表上。從維基百科下載依時間排序的轉會費破紀錄表格，然後繪製成圖，觀察隨時間的變化，並不會太困難。

從右頁的圖可以清楚看到，近期才開始出現轉會費衝高到失控的狀況，與我們的印象相符。圖中可以看到1980年以前，世界紀錄幾乎沒有增加，甚至要到2020年以後，轉會費才明顯爆衝。

然而，本章將會提到，這是因為採用這種繪圖方法，才讓人產生誤解。實際上，足球員轉會費正是一個指數成長（exponential growth）的例子，如果使用對數刻度（logarithmic scale）來繪製另一種不同的圖，就能更清楚瞭解轉會費紀錄的進展。

雖然我們在第1章〈一張好圖勝過千言萬語〉看到的一些多

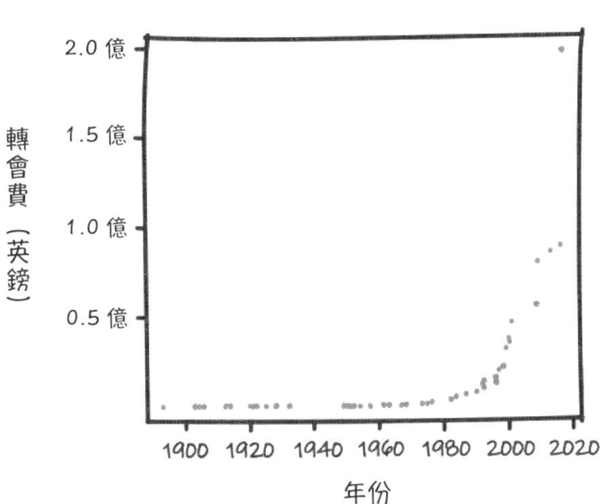

項式曲線頗具意義，也非常實用，但還有另一種指數曲線，也能準確預測某些現象的未來發展。指數成長經常出現在生物學問題中，例如細菌繁殖或人類繁衍；也能應用在金融和經濟領域，例如金額隨時間的成長；還有新一代電腦的效能變化等等。藉由瞭解指數成長，我們就能更清楚瞭解上述過程。而藉由正確繪製指數成長過程，就能夠更容易推論這些成長現象。

指數函數可以用看似十分簡單的方式來描述。對比第 1 章提到，每天「加上」固定移動距離的航海家太空探測船，指數函數則是每天把上一個數值「乘以」固定值。從「加」改為「乘」聽起來變化不大，但這看似影響不大的差異，卻讓先前看到溫和的線性行為，轉變為更加無法控制、且可能潛藏危機的指數行為。

驚人的指數成長

指數成長過程的經典例子，就是會定期分裂成兩半的細菌。如果每隻細菌每小時會分裂成兩隻，則我們能夠輕易計算出細菌群體的大小。例如，假定午夜時有 1 隻細菌，凌晨一點就會有 2 隻、凌晨兩點 4 隻，到了凌晨三點則變成 8 隻。目前為止，就如同轉會費的圖形一開始的部分，看來都還在控制範圍內，實際上指數成長的初期階段看起來可能十分平坦，很可能會被誤以為是線性成長（linear growth）或二次成長（quadratic growth），但這樣的狀況並不會持續太久。

事情很快就完全失控。到了早上八點，細菌又倍增了五次，成長到 256 隻；中午十二點時成長到 4,096 隻；隔天午夜則會成長到 16,777,216 隻。

指數成長一開始的成長速率，和線性成長的差異難以用肉眼區分，但很快就超越了線性成長速率。這就是指數過程普遍的特徵：利用數學可以證明，只要時間夠長，無論指數成長設定的速率大小為何，最終都會超越任何速率的線性成長。事實上，指數成長最終都會超越任何第 1 章提到的多項式過程（二次、三次或六次）。

這就是為什麼在建構模型時，過度僵化依賴多項式過程，可能會讓觀察者產生錯誤的安全感，蒙蔽了真相，進而引發危機。特別危險的問題出在：指數過程絕大部分的成長貢獻，都來自於後期的成長。這意味著在疫情爆發期間，醫療院所可能會從控制良好，突然間變成完全失控。

另一個能幫助我們瞭解指數成長的例子，就是核連鎖反應。如果使用中子撞擊鈾 -235 原子，鈾 -235 原子就會分裂，釋放出更多中子與一定的能量。假設核分裂釋放出兩個中子，則這兩個中子隨後會撞擊更多鈾原子，產生雙倍能量。在下一回反應中，則會釋放出四個中子，產生四倍能量，以此類推。與細菌繁殖不同的是，每一回的反應時間可能都只需要幾百萬分之一秒，也就是說，一瞬間釋放出的能量就可能十分巨大。這正是 1945 年在廣島投下的核分裂原子彈的爆炸原理。只要裝入足夠的鈾原料，並且將原子彈外形設計成中子難以逃逸的形狀，能量釋放就會呈現指數成長，極短時間就已經足以夷平一座城市。

當然，比起真實世界，永無止境的指數成長更可能只會在數學世界中發生。固執認為事物會無限制指數成長下去，顯然過於愚昧，因為在真實世界中，指數成長的規模終將受到限制。例如細菌群體大小可能受限於容器大小，或者受限於分裂後的新細菌生長所需的養分含量。同理可知，鈾原料多寡會限制核連鎖反應時間的長度，也就限制了特定原子彈能夠釋放的總能量。然而，全球各地新冠肺炎疫情一波又一波爆發，不斷向我們證明，指數成長的結果，已足以對醫療照護系統造成重大打擊。

許多人並未完全瞭解指數成長。常見的誤解就是，誤以為指數成長就只會出現前述的倍增成長。但是真實世界中，一系列的函數都能夠代表指數成長。瞭解指數函數的最佳方法，可能是透過大家更熟悉的事物：銀行帳戶。

錢存在銀行可以領利息，向銀行借錢則需要付利息，這對我們來說，早就習以為常。利息涉及乘法概念，而複利就會造成指數成長。例如，假設我們向銀行借了 1,000 元，年利率為 10%，一年後，利息 100 元會加到貸款本金中，也就是一年後的負債為 1,100 元。隔年的利息將會是 110 元，也就是負債會成長到 1,210 元。接下來，可推得第三年的利息會是 1,210 元的 10%，也就是 121 元。每年的利息，都要計入前幾年的利息所產生的利息，因此負債成長幅度會愈來愈大。

複利和先前看到的細菌成長例子，其實是相同類型的指數成長過程。一般來說，只要數值在每段時間都乘以相同的常數因子（constant factor），就可以認定發生了指數行為。任何大小的年利率都會造成指數成長，無論利率是 1% 或 50%，負債曲線一開始都會相對平坦，然後隨著時間推移，逐漸變得陡峭。事實上，無論信用額度高達一百萬元或一兆元，債務終究都會超過任何信用額度。利率不同所造成的影響，僅僅只是債務超過設定閾值的時間長短。

對比上述例子，我們可以重新思考核分裂的例子。只要更小心控制這類連鎖反應，就能讓核反應維持在穩定水準，做為核電廠運作的基礎。具體做法為：將控制棒放在核反應爐中，就能吸收固定比例釋放出的中子，也就是讓每次核反應平均只會有一個中子不會被吸收。這樣的狀況稱為臨界反應（critical reaction）。理論上，臨界反應能夠以穩定速率永久進行，釋放出固定能量。

要接受溫和的常數函數也是指數函數的一種，確實會讓人感到怪異。但如同在每段時間加上 0 可以得到常數函數，在每段時間乘上 1 也可以得到常數函數。問題在於，如果處理不當，上述臨界連鎖反應也可能不小心失控。如果控制棒沒有安裝得宜，吸收的中子不夠多，每段時間能量釋放所乘的乘數就會大於 1，前面提到的毀滅性指數成長，依然可能發生。

指數成長中的一個常用概念是倍增時間（doubling time）。所有指數成長過程終究會突破特定數值，因此我們可以詢問需要多久時間，數值才會從 1 成長到 2。由於指數成長過程中，每段時間的數值都會乘以相同的常數因子，所以數值從 100 到 200 所需時間，和從 37 到 74 所需時間會完全相同。

考慮倍增時間，是理解與描述指數成長速率最簡單的方法。例如前述的細菌範例中，倍增時間為 1 小時，也就是無論從任何時間點到 1 小時之後，群體規模皆會翻倍。對比銀行利率 10% 的貸款，則需要 7 年到 8 年時間，債務才會翻倍。

對數刻度可畫龍點睛

儘管我已經指出，把資料數據繪成圖表能觀察到更多資訊，但在繪製指數函數時，卻可能會遇到問題。具體來說，指數函數的數值實在成長得太快了，因此乍看之下，所有指數函數的模樣都差不多。如果我們考慮細菌例子中，前幾個小時的細菌數量變化，則畫出的圖會類似轉會費的圖，圖中曲線很長一段時間都十分平坦，但最後會突然急遽上升。這會讓我們難以目測未來的變化。此外，以不同速率成長的其他指數過程，曲線也都是類似的形態，也就是說，單純觀察圖形，將難以區分不同的指數函數。

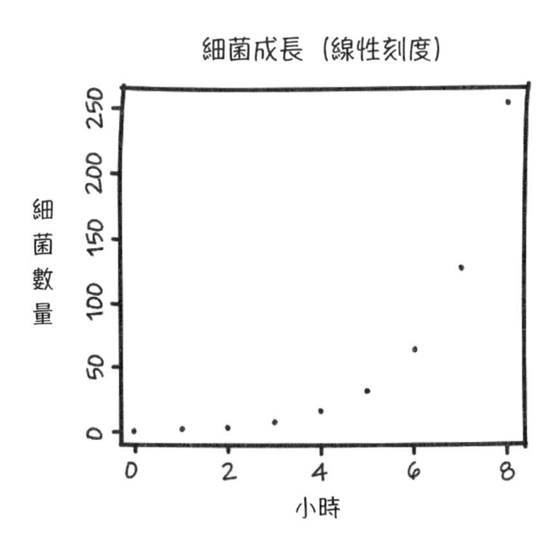

但是有一種簡單的資料繪圖技巧，可以讓指數函數更容易讓人理解，那就是使用「對數刻度」。我愈來愈相信，如果更多新聞機構使用對數刻度做為預設刻度，來繪製每天的新冠肺炎相關數據，許多新冠肺炎疫情爭論就會迎刃而解。所以，我也隨時隨地都試著推廣使用對數刻度。

究竟什麼是對數刻度？對數刻度又能提供什麼資訊呢？大家應該還記得圖表的垂直軸稱為 y 軸，而對數刻度就只是單純將 y 軸以特定方法壓縮。曾經在學校使用過計算尺的世代，應該還記得一個叫做「對數」（log）的數學物件。基本上，對數就是去除指數的工具，將乘法轉化為更簡單的加法運算。

以 8 × 4 = 32 為例，我們可以將算式中的各項改寫為 $2^3 \times 2^2 = 2^5$。若只觀察指數部分，會發現符合 3 + 2 = 5 的加法算式，這並非巧合。事實上，8 的對數值為 3 —— 嚴格來說，應該是 8「以 2 為底」的對數值為 3。如果是以其他底數取對數，則會得到不同答案。（譯注：習慣上如果只說「x 的對數值」都是以 10 為底，如果要使用其他數字為底，必須明確寫出。）換句話說，2 的 3 次方會得到 8。同理可得，4 的對數值為 2，32 的對數值為 5。重要原則就是：乘式中各項的對數值相加，就會得到積的對數值。

在對數坐標圖中，畫上去的資料點並非資料本身的數值，而是資料的對數值。觀察下面這張圖，會發現 y 軸的標籤位置十分奇怪。這張圖就是對數刻度的其中一例。1 到 2 的間隔和 5 到 10、10 到 20、50 到 100，以及 100 到 200 的間隔都完全相同。

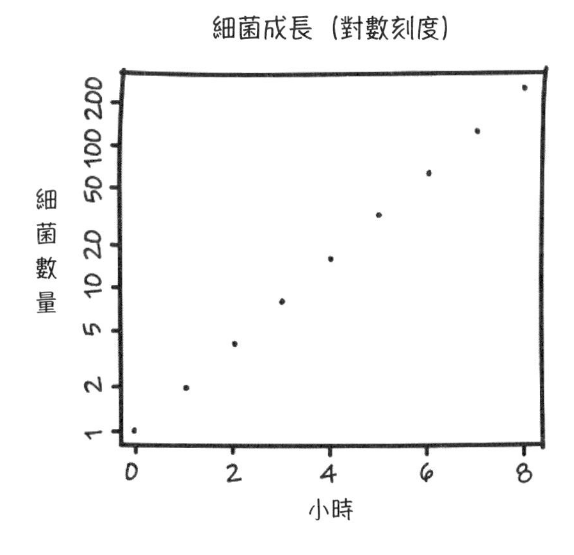

這些數值的間隔大小之所以相同，是因為間隔差距正好為倍增，而倍增會對應到在對數值上加上固定數值。只要利用對數刻度，在圖上重新繪製前述細菌例子的細菌數量，就能看出對數刻度的作用。

使用對數刻度處理 y 軸，可以讓難以視覺化呈現的指數成長轉換為更容易理解的直線。基本上，指數過程每次都乘以相同的常數因子，相當於指數過程的對數值每次都加上相同數值。（如果搞不清楚為什麼，也請不要擔心！）請注意，這張圖看起來和航海家探測船例子中的圖形（見第 23 頁下方的圖）完全相同，因此只要能理解航海家探測船的圖，就能理解這張圖。

重點在於，將指數過程取對數，就會得到線性過程。直線愈陡峭，就代表指數過程成長愈快。因此，我們可以將兩個指數過程畫在相同對數刻度的圖上，觀察哪個過程的對數直線更陡峭。我們可以觀察直線從 y 軸的 5 到 10，或者 10 到 20 的時間，藉此找出倍增時間。此外，把快速變得極為陡峭的指數曲線，轉換為能夠預測的直線，代表只要參考 y 軸標籤，就能更輕鬆推測出未來值。

內馬爾身價真的暴漲？

本章一開始提到，足球轉會費的世界紀錄呈現出指數成長趨勢。現在大家應該很清楚，我們可以使用對數刻度，並且得到右頁的圖形。

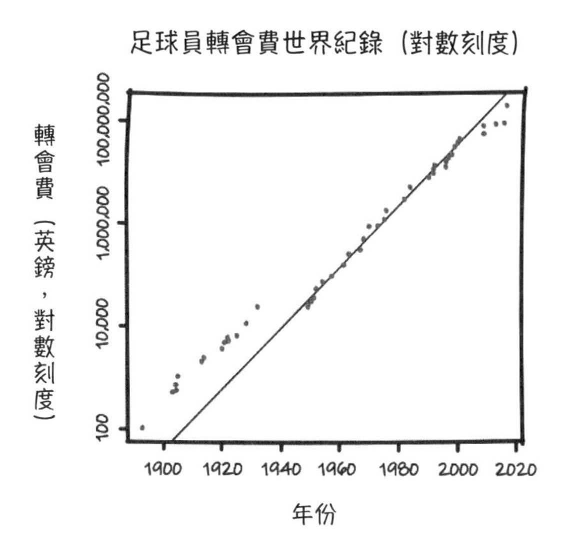

這張圖有許多內容值得探討。首先，我們認為 1980 年以前轉會費幾乎沒有成長的印象，完全錯誤。轉會費確實有成長，只是並非以我們習慣的方式成長。1980 年以前最高的轉會費紀錄為：1976 年羅西（Paolo Rossi）轉會到尤文圖斯足球俱樂部的 1,750,000 英鎊。如果從加法的觀點來看，紀錄上第一筆轉會交易的格羅夫斯，轉會費和羅西的差距是 1,749,900 英鎊，這與羅西和內馬爾的差距 196,250,000 英鎊，相差甚遠。

然而，如果從乘法的觀點來看，格羅夫斯和羅西轉會費差距是 17,500 倍，遠超過羅西和內馬爾的差距（僅 113 倍）。由於指數成長意味著數值傾向於每年乘以相同的常數因子，這樣的結果並不讓人意外。格羅夫斯和羅西轉會交易的時間，分別為 1893 年和 1976 年，而羅西和內馬爾轉會交易的時間，分別為 1976 年和 2017 年，前者相差年數為 83 年，大於後者的 41 年。

我們可以進一步在圖上畫出一條接近擬合 1945 年到 2000 年所有資料點的直線。這段時間內，轉會費世界紀錄約略呈現指數成長，每年增加約 15%。事實上，我們會發現平行上述直線的另一條直線，可以擬合 1893 年到 1940 年的資料點。看起來這段時間也呈現指數成長，成長速率也和 1945 年到 2000 年期間差不多一樣快。

圖中也可以觀察到：轉會費成長在二戰期間暫停了好幾年，二戰之後又恢復成長趨勢。甚至還會發現，我們對近期轉會費失控成長的印象，並非完全正確。事實上，最近五次破紀錄的轉會費都落在指數成長預測線之下。在 2001 年席丹（Zinedine Zidane）轉會之後，停滯了好長一段時間，直到 2009 年卡卡（Kaká）轉會才又突破紀錄，隨後突破紀錄的羅納度（Cristiano Ronaldo）、貝爾（Gareth Bale）和博格巴（Paul Pogba），轉會費成長都遠低於預期的 15% 年成長率。雖然內馬爾的轉會費突增為博格巴的兩倍，但最終轉會費依然落在預測線之下，預測線認為當時的轉會費將會高達 3.6 億英鎊。從這角度來看，或許可以認定內馬爾的價值其實被低估了，他的轉會費低於指數成長前提下，二十世紀末轉會費金額的粗略推估。或者，正如同前述的細菌例子，至少從目前的狀況看來，轉會費的指數成長已經達到某個難以突破的上限。

順道一提，大家常常會忽略，指數過程的數值也可能會隨著時間經過，愈變愈小，這稱為指數衰減（exponential decay）。在目前提到的例子中，因為在各段時間所乘的常數因子都大於 1，所以指數過程的數值會愈來愈大。但常數因子大於 1 並非指數函數的必要條件，指數過程各段時間所乘的常數因子也可以小於 1。

放射性衰變就是一種指數衰減。定量的放射性物質，在每段時間內，都會有固定比例發生核變化。因此，每段時間剩下的原物質的質量，都必須乘以一個小於 1 的數字，原物質的總質量發生了指數衰減。當然，因為在這過程中，物質質量會不斷減少，討論倍增時間已無意義。反之，我們應該改用減半時間（halving time）——在放射性衰變的例子中，減半時間就對應到大家熟悉的物質「半衰期」（half-life）。

同樣的狀況，如果核反應爐中的控制棒吸收過多中子，就會出現指數衰減現象。每次釋放的能量都要乘以小於 1 的數字，核反應很快就會結束。

我們不需要使用全新的資料視覺化技巧，就能夠繪製出指數衰減過程，只需要使用先前提到的對數刻度，就能達成。關鍵在於衰減過程的對數值，每段時間都會減去固定數值。這正好與航海家探測船的例子中，從外星人的角度觀察探測船的狀況相同。因此，在對數刻度圖上繪製指數衰減過程，會畫出一條向下傾斜的直線，與探測船例子中看到的下斜直線相同（見第 25 頁）。

指數成長與疫情擴散

利用上述知識，我們就能使用數學語言，討論新冠肺炎疫情的擴散，並且選擇正確圖表繪製資料。疫情擴散模型的關鍵數字就是傳染數（R number），也就是每位染疫者會傳染給多少人。如果傳染數是常數，則每一代病毒傳播感染的總人數，都會是上一代染疫人數乘以傳染數。因此，染疫人數為指數成長，成長速率由傳染數決定。如果傳染數大於 1，染疫人數會不斷增加；如果傳染數小於 1，染疫人數會逐漸減少。

不論是哪種狀況，我們通常都會將染疫人數畫在對數刻度圖上。或者應該說，如果確切知道染疫人數是多少的話，就能夠繪製到對數刻度圖上。然而，研究新冠肺炎疫情的一大難題，就是我們永遠無法得知確切的染疫人數，只能透過不完美的代理變數（proxy variable）來估算。

舉例來說，在疫情期間，每天媒體上報導的新冠肺炎確診人數，指的應是檢測呈現陽性的人數，而非染疫人數。短期來看，我們可以合理假設檢測系統每天的正確率相同，無論哪一天，大致上所有染疫者中，會有固定比例檢測出陽性。如果確實如此，就會發現確診人數呈現指數成長，並且能夠透過確診人數，估算染疫人數的增加速率。

其他染疫速率的代理變數，也遭遇了類似問題。雖然每日回報的住院和死亡人數，不會那麼容易受到檢測量能高低影響，但我們仍需假設固定比例的染疫者會住院或死亡，才能利用住院人數和死亡人數來估算染疫人數。

住院和死亡人數資料的另一個問題是「延遲」，染疫者可能要經過 10 天到 14 天後才會住院，21 天到 28 天後才會死亡。也就是說，這兩項指標只能得到過去疫情擴散速率的資訊，難以用來評估封城或其他干預措施的效果。

儘管有這些問題存在，整體來說，我們還是可以使用這三種方法（確診人數、住院人數、死亡人數），來估算染疫人數的成長速率。因為我們認為染疫人數會以指數成長或減少，所以將這些數字畫在對數刻度圖上時，應該會得到一條直線，而且三種測量方法畫出的人數直線，都會有相同斜率。

此外，儘管真實染疫人數仍然無從得知，還是可以使用對數刻度圖估算傳染數。最容易觀察到的是：如果傳染數大於 1，會看到一條向上傾斜的直線；如果傳染數小於 1，則會看到一條向下傾斜的直線。而且，利用對數刻度圖還可以估算傳染數。（估算倍增時間或減半時間雖然十分容易，但如果要推論出傳染數，則必須假設疾病傳染給下一個人的時間。）

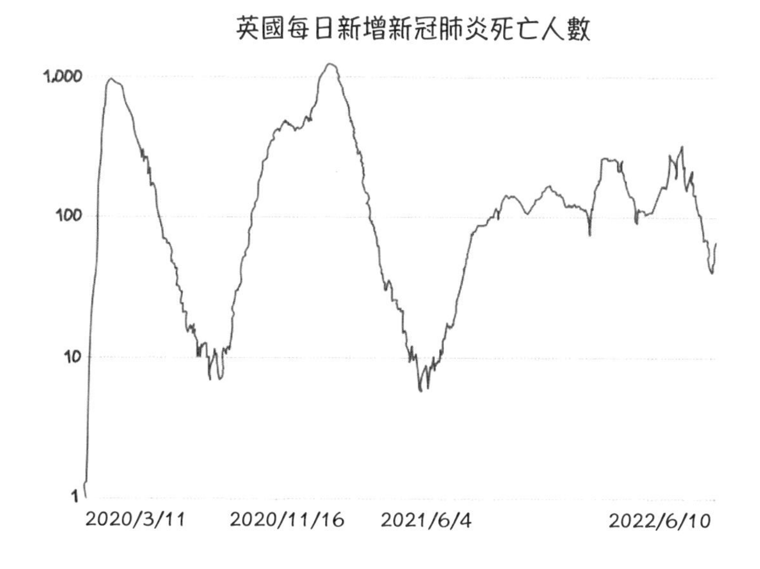

我們期望看到的是：無論是因為社交距離或防疫規定生效，或者愈來愈多人免疫，傳染數都會隨時間經過而逐漸下降。我們期望從對數刻度圖上會看到，線段先上升，然後變得平坦，經過峰值後開始下降。換句話說，我們期望能看到類似第 1 章〈一張好圖勝過千言萬語〉中的網球軌跡（見第 26 頁）。

如果能如此利用對數刻度，就能快速瞭解英國新冠肺炎的疫情進展。上一頁的圖，畫出了 2020 年 3 月到 2022 年 6 月的新冠肺炎每日死亡人數，可以清楚看到六個階段。第一階段大約類似指數成長，對應的傳染數接近 3，死亡人數畫出來是一條陡峭上升的直線，隨後因為人們保持社交距離而變得稍微平坦。接下來的第二階段是相對緩和的指數衰減（向下傾斜的直線），持續到 2020 年 9 月初為止，這段期間因為封城而讓傳染數小於 1，染疫人數逐漸減少。

第三階段是 2020 年 9 月到 2021 年 1 月，此階段相對複雜：這個階段的整體線段比較沒有那麼陡峭，但是死亡人數依然呈現指數成長，此時傳染數再次大於 1。而從圖中能夠看出，英國全國第二次封城奏效，讓死亡人數曲線在一小段時間內變得平緩，直到 Alpha 變種病毒入侵肯特郡，才導致曲線再次變得陡峭。

2021 年 1 月開始進入第四階段，此時由於第三次英國全國封城和疫苗接種，死亡人數維持穩定的指數衰減。第五階段則是從 2021 年 6 月開始，由於 Delta 變種病毒出現和全國防疫限制鬆綁，導致死亡人數再次呈現指數成長。最後的第六階段則大約從 2021 年 9 月開始，英國的疫情死亡人數不斷上下變化，更多新變種病毒入侵和注射追加劑的交互影響之下，指數成長和指數衰減的時間相對較短，並沒有出現大方向的趨勢。

其中一個重點是：如同細菌的例子，指數成長並不會無限持續下去。下一章〈跟著規則走〉將詳細討論的知名 SIR 傳染模型顯示，擁有免疫力的人比例增加，就會讓對數刻度圖上的直線變得愈來愈平緩。例如，在 25% 的人都已經染疫、並獲得免疫的情況下，四分之一原本會導致新感染的接觸，將不會生效，進而造成傳染數下降。事實上，只要足夠比例的人染疫，傳染數就會下降到小於 1，也就是說，疫情自然而然就會趨緩。

人們在討論眾說紛紜的群體免疫閾值時，經常會提到上述效應。但傳統流行病模型認為，必須要有非常高比例的群眾染疫，才能達到群體免疫閾值。

指數成長與股市

其他類似的日常過程，也會呈現出指數成長，特別是建立在乘法變化上的金融世界。長期下來，幾個百分點的年複利或通膨率，也會對投資造成極為顯著的影響。因此，思考公司和資產價值長期成長最自然的方法，就是使用對數刻度。例如，我們可以思考道瓊工業指數（Dow Jones industrial index）在大約一個世紀間的通膨調整後的表現。畫在線性刻度上，看起來就如次頁的圖。

圖中可以發現，相較於目前看到的細菌增殖模型或疫情死亡人數曲線，道瓊工業指數曲線起伏相對大得多。無論是從月度變

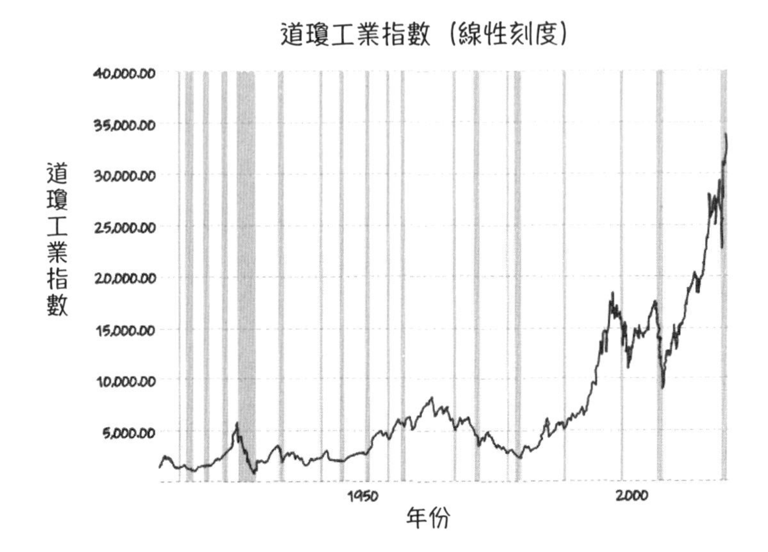

化（線上的小擾動），或是從年度或五年的大方向變化來看，指數都持續出現明顯波動。我會在第 10 章〈漫步、排隊和網路〉深入討論原因。

大致上看來，道瓊指數似乎呈現指數成長，就像足球轉會費紀錄一樣。道瓊指數曲線一開始很長一段時間都十分平坦，然後在 1990 年代中期，突然開始上升，而在近幾年又變得更陡峭。由於我們已知金融資產往往呈現指數成長，因此自然會想到將道瓊指數畫在對數刻度圖上。新繪製的對數刻度圖如右頁所示，相對實用得多。

使用對數刻度圖呈現資料，就會看到全新面貌。事實上，道瓊指數儘管有時會回檔，但在對數刻度圖上，仍約略以穩定的線性速率成長。從對數刻度圖中可以看到，1990 年代開始，

絕對數字的大幅成長，其實也只是延續了 1950 年代起的成長趨勢。圖中也可以清楚比較重大事件的影響，例如 2001 年 911 恐怖攻擊和 2007 年 8 月的金融危機。

此外，也會發現某些在線性刻度圖上並不太明顯的事件，例如 1970 年代由於商品價格大幅上升，導致通膨調整後的指數持續下滑。這事件在道瓊指數長期演變中帶來的影響，遠比在簡單線性刻度圖中看到的，還要巨大。

通膨和成長的效果，短期可能影響不大，因此將道瓊指數或其他金融資產規模畫在線性坐標上，可能也不太會有大問題。但如果想要瞭解長期經濟趨勢，那麼瞭解指數成長並使用對數刻度繪製資料，就顯得無比重要。

摩爾定律

當然，指數成長並不一定代表壞消息。大家覺得股市指數成長是好是壞，可能取決於是否有投資股市。類似的房價指數成長對屋主和租客來說，影響也不同。然而，有一個指數成長的經典例子，已經證實其推論十分準確，而且結果也為全人類帶來巨大益處。

1960年代早期，隨著半導體技術的發展，微電子產業終於有能力製作出積體電路，特別是快捷半導體（Fairchild Semiconductor）公司的創辦人諾伊斯（Robert Noyce），更是在積體電路技術取得重大突破。積體電路讓原本需要由大量獨立矽晶片完成的任務，得以由單一晶片完成，進而帶動晶片效能突破限制。我們甚至可以認為，正是因為積體電路的發展，阿波羅登陸月球計畫才得以實現，而美國航太總署正是1960年代早期，積體電路技術的最大唯一買家。

然而，積體電路的創造並未停滯在這些早期成就上。這項技術的關鍵在於，晶片還能夠進一步縮小。藉由縮小元件、並將更多電晶體塞到晶片上，晶片的效能就能不斷提高。而愈小的處理器，處理速率就愈快。

到了1965年，快捷半導體的研發總監摩爾（Gordon Moore）發現了最新的科技趨勢，他指出單一晶片上的電晶體數量將呈現指數成長，進而也會讓算力呈現指數成長。根據這個理論，摩爾在《電子學》雜誌的一篇文章中，做出了舉世聞名的預測：

最低元件成本的晶片的複雜度，每年都會成長約 2 倍。在短期內可以十分確定，晶片複雜度會以這個速率繼續成長下去，或者以更快的速率成長。長期來看，成長的速率稍微無法確定，但我確信 2 倍的成長速率將持續至少十年。

換句話說，當時摩爾發現，晶片上電晶體的數量每年都在翻倍，並且推測這個趨勢將會持續到 1975 年，也就是預測接下來的十年，晶片上電晶體的數量都會呈現指數成長。隨後摩爾將預測的時間修正到 1980 年，然後提出倍增時間可能要修改為每 2 年一次。我們可以在 x 軸上標記時間，並利用對數刻度在 y 軸上標記電晶體數量，繪製結果如下圖：

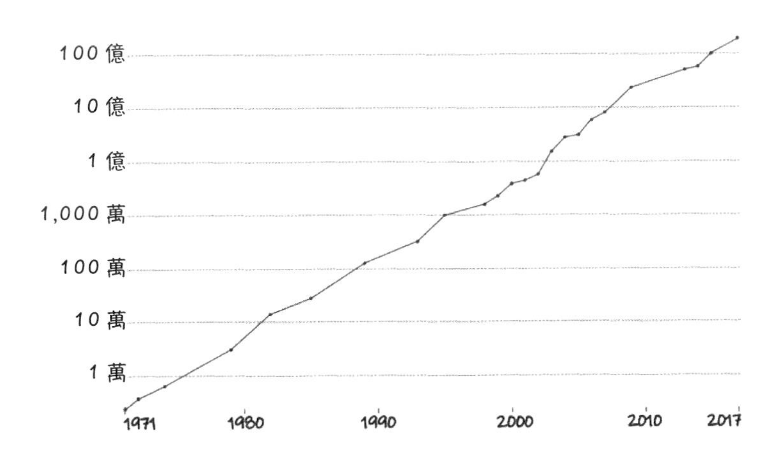

當然，擬合並非完美直線。但僅用肉眼觀察的話，摩爾的預測超乎預期的準確。大致上看來，資料點確實落在一條直線上。而真正讓人驚訝的是 x 軸，x 軸的時間並非只到 1975 年或 1980 年而已，而是一直到 2020 年。摩爾在 1960 年代堅定預測的指數成長，整整持續了超過五十年。晶片上的電晶體數量從不到 1 千個，成長到超過 500 億個。

疫情傳播十分符合傳播模型理論，但摩爾定律（Moore's Law）卻未建立在任何物理定律的基礎上，因此摩爾定律如此精準，確實令人讚嘆。摩爾定律自然而然就實現了，這都要感謝快捷半導體，以及隨後由摩爾和諾伊斯（Robert Norton Noyce）在 1968 年創辦的英特爾（Intel），這兩家公司持續研發所帶來的成果。

豐富想法和科技突破，共同攜手讓摩爾定律的趨勢持續進展超過半世紀。雖然因為積體電路已經進入奈米等級，原子大小本身的限制開始浮現，晶片上電晶體數量的成長減緩，但許多人仍十分有信心，預測摩爾定律依然會繼續成立。

晶片技術的實際成長，之所以能持續符合摩爾的原始預測，或許唯一的解釋就是，摩爾定律扮演了產品路線圖的角色。也就是說，由一名產業領導者提出一個如此明確的目標，為企業設立了一個標的，並激勵企業積極創新，來達成摩爾最初預測所推斷出的數字。

史旺森定律（Swanson's Law）中，也提出了類似的指數效能提升。史旺森定律認為，太陽能板的成本每 10 年便會下降為四分之一，呈現了科技和製造升級如何帶來複利收益。

無論晶片技術持續成長的原因究竟為何，算力的指數成長確實對現代世界帶來重大影響。我們的手機擁有堪比過去價值數百萬英鎊超級電腦的算力，而我們正在利用此算力，執行人工智慧演算法，來分類影像或翻譯語言。與此同時，我們不該忘記摩爾曾帶來的貢獻，以及他對電晶體數量指數成長的預測。

思考疫情、金融市場、甚至足球員轉會費的問題時，務必要隨時記得複利乘法成長和指數強大的力量，並且考慮到：若使用對數刻度，能否讓我們看見更多問題的核心，帶來明澈的洞見。

結論

本章討論了許多指數成長的例子，包含細菌繁殖、核反應、銀行利息、股票市場，以及與電腦效能提升相關的摩爾定律。當然別忘了，新冠肺炎疫情期間也出現了許多指數成長的例子！我向大家演示了，對數坐標和倍增時間等等實用工具，能夠將嚇人的指數成長，轉換為更容易理解的概念。

課後作業

我鼓勵大家在日常生活中，尋找指數成長的例子。指數成長現象並非俯拾即是，但如同本章提到指數成長的特性，如果真的找到了，必定影響重大。

大家可以試著尋找含有圖表資料的網站，並試著在線性刻度和對數刻度之間轉換。例如 Our World in Data 網站提供了許多新冠肺炎相關圖表，以及許多網站都提供了金融資料，大家可以利用這些資料來練習刻度轉換。藉由練習各種情境下的 y 軸刻度轉換，特別是金融相關的長期時間序列資料，就能發現在不同刻度間轉換的效果。大家覺得圖形傳達的內容發生了什麼變化？比較喜歡哪種刻度的繪圖方式呢？

第 4 章

跟著規則走

降雨機率怎麼來的？

想像你計劃在兩天後舉辦一場烤肉活動。你已經買好木炭、肉片、土司和啤酒，並且邀請了好友一同參與。但你突然開始擔心天氣問題，趕緊打開手機查看天氣預報。預報顯示降雨機率為10%，這代表什麼意思呢？這個數字又是如何得出？

目前我們已經瞭解，各種日常生活現象得以如何使用簡單的數學結構來表示。日常生活現象的行為可以使用線性、二次曲線或指數曲線清楚描述。然而，討論了這麼多利用曲線描述現象的例子，可能會讓人誤解，以為各種現象都適用。實際上，並非所有系統都如同這些近似曲線呈現的那樣，能夠準確預測未來值。

首先，儘管天氣預報顯示降雨機率為 10%——這個數字代表天氣狀況帶有隨機元素，但天氣本身很可能根本並非隨機系統。大氣運動受到物理定律控制，因此理論上如果我們全知全能，能夠極為準確知道每個空氣粒子的位置和速度，就能計算出每個粒子未來的移動路徑，加上考慮太陽輻射、粒子碰撞等等因素，就能知道烤肉活動當天是否會下雨。

當然，這對我們來說是不可能的任務！我們既無法準確測量每個粒子的各種數值，就算真的做得到，也沒有能力求得方程式的解。換句話說，我們永遠無法提出完美的天氣預測，而會使用以下方法做出粗略預測。

舉例來說，如果將大西洋劃分為許多邊長 10 公里的正方形區塊，然後測量每一區塊的狀態，就能開始思考各區塊隨時間經過的狀態變化。如果某個區塊中有一片雲，而風正以每小時 20 公里向東吹，則可以預測一小時後，雲會向東飄 20 公里，相當於兩個區塊，然後便可如此繼續推論。如果有大型電腦的話，就能夠繼續計算未來的變化，得出未來幾天的天氣預測。

當然，這種做法並不完美。我們只能得到各區塊某一小時的狀態，然而每個區塊內實際上都還會有細微的變化。如果能夠得到更精細刻度下（例如劃分成邊長 1 公里的正方形區塊）的天氣狀況測量結果，並且以五分鐘為單位考慮天氣變化，加上擁有更強大的電腦來處理這些數字，則可以得到更準確的預測結果。本章的主題就是要將空間和時間劃分成更細小的區塊，並且說明現象變化過程如何在這些小尺度下遵循規則。

我們先來思考一下，天氣預報提到的降雨機率 10% 代表什麼意義。若是有全知全能的人能夠解出運動方程式，並且每次都會得到相同答案 —— 他將相同的測量數值輸入電腦十次，由於電腦會遵循預先設定的邏輯和計算規則，應當每次都會得到相同結果。也就是說，我們可以預期每項預測都是 100% 必定發生，或是 0% 完全不可能發生！

事實上，10% 的結果代表我們承認了分割空間和時間的做法以及測量方法皆不完美。我們隨後將會看到，決定天氣的方程式實際上十分瘋狂和混亂。大家可能聽過一個問題：「一隻蝴蝶在巴西拍動翅膀，有可能在美國德州引發一場龍捲風嗎？」這個問題最初是一篇 1972 年論文的標題。事實確實如此，測量值微幅的改變，都可能對系統的結果造成巨大影響。

為了解決這個問題，預報員同意風速每小時 20 公里的測量結果並非絕對準確。為了降低測量結果不完美的問題，預報員小幅度調整測量值，藉此蒐集一系列預測結果。如果風速不是正好每小時 20 公里，而是每小時 19.5、21、18.7 或 20.5 公里呢？降雨機率 10% 正好對應到這一系列的預測結果中，約有 10% 顯示在烤肉活動當天會下雨。

然而，值得注意的是，涉及複雜系統的計算很可能會非常微妙，因此能夠合理認為計算結果帶有一定的隨機性。我會在本書的第二單元進一步討論隨機性的價值。然而現在，我們要考慮的是相對簡單的過程。

分割時間

目前討論過的函數，都是固定時段變化的函數。例如，線性函數每段時間都會增加固定數值，而指數函數則是每段時間都會乘以固定數值。然而理所當然，時間並不會像這樣分成一段一段經過。事實上，真實生活的過程皆為連續不斷發展。雖然失業率這類經濟資料，可能一個月才會統計一次，但經濟的基本狀態，理論上可能每天、每小時、每分鐘，甚至更短的時間都在不斷變化。數學家認為時間是連續量值，而非離散量值。

換句話說，線性函數不應看作對應到一系列分離時間的許多點，而應該看作一條實線，任意的特定時間點都可以對應到函數值。即使如此，我們依然可以思考函數變化的方式。

假設太空探測船一直以相同速度前進，每秒都預期會前進固定距離。我們可以預期一百秒後，探測船將前進固定距離的一百倍。無論時間長短，在任何一段時間內，移動距離除以經過的時間，都會等於定值，也就是探測船的速度。

事實上也可以採用另一個觀點。如果知道太空探測船的速度和目前位置，就能知道在未來某個特定時間點，可以在哪裡找到探測船。只要簡單將速度乘以經過的時間，就能找到探測船移動的距離，並且確定探測船未來的位置。

上述論點看似只有在航海家探測船以固定速度移動時，才成立，某種程度上來說確實如此。然而另一種觀點認為，即使探測船的速度不斷改變，也能計算出移動距離，前提是必須足夠精準掌握到各時間點的速度資訊。關鍵在於我們認為，雖然速度改變了，但是在足夠短的時間內，速度變化並不會太大。例如，如果我們知道現在的速度，就能計算出探測船在一秒內移動的距離，然後找到下一秒的速度，計算出下一秒的移動距離，並繼續找出再下一秒的速度，以此類推。

雖然這樣的做法可能無法得到完美答案，但已經足夠精準。如果想要更精準的答案，則可以將時間切成百分之一秒，甚至百萬分之一秒，再重複相同的計算。計算出答案的過程可能會變得十分複雜且令人煩躁，但理論上，只要將時間分得愈細，得出的結果就會愈接近正解。

剛剛說明的方法，數學家稱為「積分」（integration）。這是微積分（calculus）的其中一部分，這個名詞可能會讓大家依稀想起，在學校課堂上的恐怖數學課程。然而，積分的概念十分簡單：只要掌握足夠的太空探測船速度資料，就能找出探測船的位置。事實上，微積分的另一種計算方法：微分（differentiation），計算的方向正好相反。只要掌握足夠的航海家探測船位置資料，利用微分，就能找出速度。

彈簧、鐘擺、疫情發展

最關鍵的是，僅需使用含有速度變數的簡單規則，就已經足以描述探測船位置。理論上，甚至還能更進一步計算——如果知道探測船的初始位置和速度，同時也知道每個時間點的加速度，我們就能算出探測船在任何時間點的位置。正如同速度能夠計算出探測船的位置變化，加速度則能夠計算出速度變化。因此我們可以使用類似的積分過程，由加速度資訊計算出速度資訊；然後再重複前述過程，利用速度資訊計算出位置資訊。因此，如果我們知道各時間點物體的加速度，再利用上述兩步驟過程，就能夠計算出物體位置。

接下來的內容，才真的讓人難以置信：大家知道利用位置也能計算出加速度嗎？這可能聽起來非常不直觀，但這類狀況出現的頻率，超乎大家的預期。牛頓第二運動定律提出物體受力等於物體質量乘以物體加速度。換句話說，如果物體質量固定，加速度就會隨著物體的受力而等比例增加。但大家可曾想過，物體的受力也可以取決於物體位置？

事實顯示，生活中某些狀況確實會出現這種現象。想像一塊砝碼掛在彈簧上，重力會將砝碼向下拉，隨著砝碼愈靠近地面，彈簧會拉長並產生更大向上拉的力量，直到彈簧向上的拉力大於重力向下的拉力後，彈簧就會將砝碼向上拉回。而當砝碼上升一段距離，彈簧的拉力比重力還要小之後，砝碼就會再次下墜。

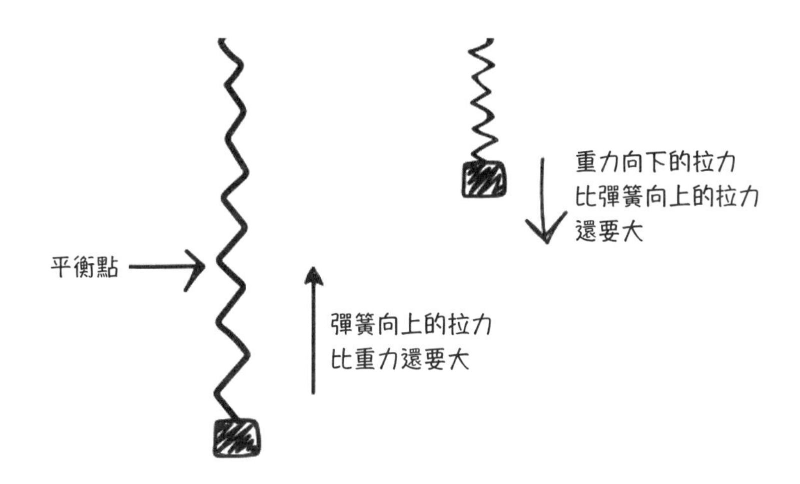

另一個例子是砝碼掛在繩線上組成的鐘擺。鐘擺距離平衡點的垂直線愈遠，就會受到愈強的重力影響，將鐘擺拉回平衡點。基本上，重力的方向永遠向下，但繩線會阻止砝碼垂直墜落，因此向下的力轉換成了旋轉的力。

在彈簧和鐘擺這兩個例子中，都有某個力量會將砝碼拉回平衡點。如果砝碼在平衡點靜止不動，代表所有力量都互相抵消，砝碼就會永遠維持靜止。然而，兩例中砝碼會以某個速度通過平衡點，不斷來回偏離平衡點，然後又會受到外力反向拉回。理論上如果沒有摩擦力和空氣阻力影響，這個過程會不斷持續下去。

兩例中，總力大小和砝碼與平衡點的距離成正比，而且永遠都會將物體拉回平衡點。根據牛頓第二運動定律，也就是加速度會和受力成正比，可以推論出加速度也會和砝碼與平衡點的距離成正比，而且加速度方向永遠指向平衡點。

然而，真正古怪的是：由前述的積分論點，可以得知加速度會決定物體位置，但如果從力的作用來看，就變成物體位置會決定加速度。這彷彿是一個雞生蛋、蛋生雞的問題。

事實上，加速度和位置都受到上述規則的限制，共同決定了可能的運動類型。基本上，有一種振盪運動符合這些規則。上述彈簧運動與鐘擺運動的整個過程，可以得出一個數學過程：簡諧運動（simple harmonic motion, SHM）。

使用微分方程（differential equation）的形式，能夠寫出速度或加速度受到位置影響的限制式。而尋找符合公式限制移動軌跡的計算過程，就是在求解微分方程。要解出微分方程並不容易，可能需要使用更進階的方法，但原則上，微分方程都能求解。

其中一個理解這類過程行為的方法，是利用「相圖」（phase plot）。例如，右頁的圖是三個不同鐘擺擺錘運動狀況畫在相圖上的軌跡，三個鐘擺擺動時所受的力，大小各不相同。

相圖看起來有點奇怪，但值得大家熟習。圖中可以看到三條軌跡都是繞著橢圓路徑不斷循環。這呈現了在忽略摩擦力和空氣阻力下，理想的鐘擺將永不停止擺動。

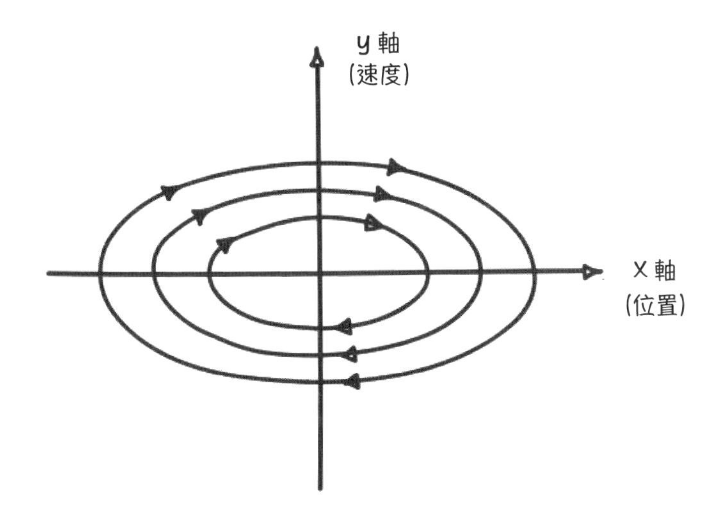

圖中還可以看到更多更有意義的資訊。x 軸繪製的是擺錘左右搖擺的位置，y 軸則是繪製擺錘速度。描述簡諧運動的微分方程，說明了軌跡必須遵循的規則：每次位置和速度達到和圖中某點相同數值時，下一步的變化也必定相同，因此鐘擺擺錘在相圖上的軌跡會呈現一圈一圈不斷循環，對應到現實生活中的擺錘來回擺動。奇怪的是，相圖並不像前幾章的圖形那樣具有時間軸。因為在這個例子裡，時間並不重要，我們只關心位置和速度。

沿著最外圈的軌跡，就能描述其中一個鐘擺的運動。假設從軌跡的最左側開始，在這個資料點上，擺錘位於最左側並且停止移動（速度為零）。然後擺錘開始由左向右回到平衡點，過程中不斷加速。當軌跡碰觸到 y 軸時，代表鐘擺回到垂直懸掛狀態，而且速度達到最快。隨後擺錘會開始減速並繼續向右移動，直到達到軌跡的最右側，擺錘又再次停止移動（速度為零）。完成上述擺動後，就已經繞著橢圓形軌跡走了一半。接下來，移動方向會反轉，從右側移向左側，再次加速、速度提高，差異在於走的是軌跡的下半部（x 軸之下），到達一開始最左側的出發點後，再次暫停移動。

這只是由微分方程控制的簡單系統的其中一張相圖範例。許多更複雜的系統也能夠繪製成相對更簡單的相圖來描述。藉由研究呈現運動狀況的抽象軌跡，數學家就能獲得過程演進的洞見。

有趣的是，用類似方法繪製相圖，也能呈現疫情資料。我在 2020 年聖誕節前夕，開始嘗試繪製新冠肺炎疫情相關的相圖。當時疫情十分嚴峻，而與前述鐘擺圖不同的是：右頁的這張相圖代表位置和速度的兩軸交換了。但即便有這項差異，我們仍然可以用相同方法來思考這張相圖。

相圖中，我繪製了英格蘭前兩波疫情的住院人數，大家可以再次看到軌跡循環的狀況。我將占用病床數（類似於「位置」）繪製在 y 軸上，每日入院人數（類似「速度」，也就是位置改變的快慢）繪製在 x 軸上，這張相圖同樣沒有時間軸。

疫情從淺灰色軌跡的右端開始，資料點呈現逆時針移動。封城前，每日入院人數和占用病床數不斷增加，每日入院人數比占用病床數先達到峰值；封城後，軌跡轉而朝左上移動，隨後再朝左下移動。在相圖左下角的角落，我更換成深灰色軌跡來強調第二波疫情開始。占用病床數和每日入院人數又再次同時上升，之後可以看到由第二次封城造成的一個小循環圈（相圖右上方），然後，每日入院人數和占用病床數都達到比第一波疫情更高的峰

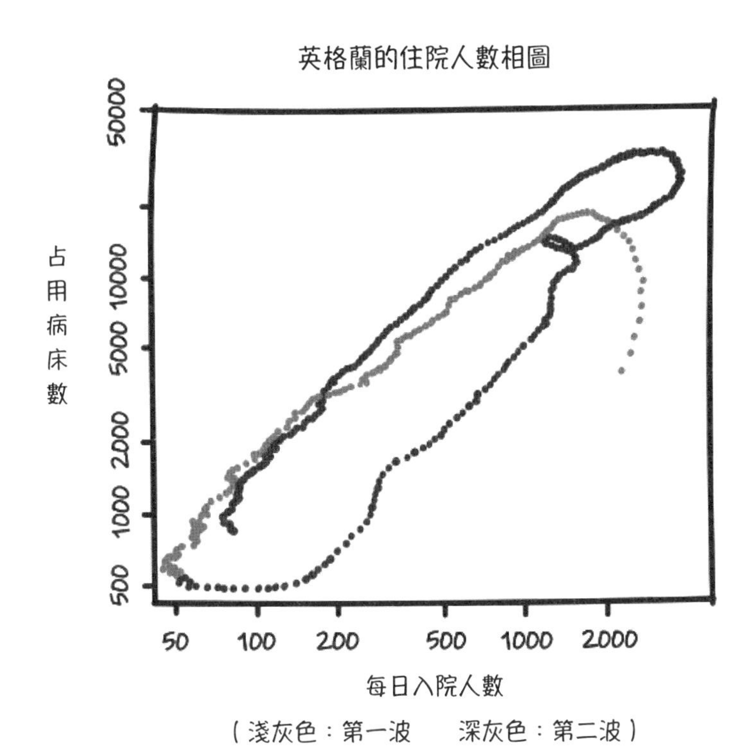

值。隨後又再次受到封城和疫苗接種雙管齊下的影響，深灰色軌跡回到左下角。

事實上，之後每一波疫情都發生類似軌跡，出現相同循環。這張相圖是我對新冠肺炎資料視覺化最驕傲的貢獻。雖然相圖如果沒有稍加解釋，有時難以直觀解讀，但我相信這張相圖足以呈現：微分方程行為的數學概念如何說明每日入院人數和占用病床數共同演變的關係。

純就數據分析的觀點來看，這些相圖看起來漂亮極了！

穩定、不穩定、黑洞與碎形

不同形式的微分方程，可以產生各種類型的行為模式。如前所述，將物理問題寫成某些抽象數學公式，就能得到振盪運動。但是在現實生活中，我們會發現，鐘擺因為受到摩擦力和空氣阻力影響，並不會永遠擺動。

微分方程中，可以加入很小的額外項，這些項將逐漸減少鐘擺速度，讓鐘擺雖然仍可持續擺動，但擺動弧度會愈來愈小，最後會停在平衡點上，藉此便能呈現摩擦力和空氣阻力的影響。這就是一個穩定系統的例子，穩定系統會逐漸趨向平衡狀態。

當然還有其他更戲劇性的行為。想像航海家探測船從太空遠處的一個平衡點出發，但受到重力影響，慢慢被拉向某個黑洞。探測船愈靠近黑洞，所受重力就愈大，也就是說，加速度也會愈大。如同鐘擺的例子，加速度會由位置決定，但探測船的例子和鐘擺相反，速度與加速度會隨著時間經過愈來愈大。因此航海家探測船的例子為不穩定系統，探測船會加速遠離原本的平衡點。

這樣的行為明顯無法永久持續下去，航海家探測船最終會抵達黑洞，然後被重力撕成碎片。從數學抽象算式來看，在微分方程中做了一個看似影響甚小的改變，也就是將負號改成正號，由減速改變為加速，卻會對整個系統的行為造成重大影響。

指數成長或指數衰減的情況也類似，都能寫成相似形式的微分方程，同樣只差在正負號不同。從某方面來看，指數成長或指數衰減的微分方程，甚至比鐘擺或探測船的微分方程更簡單。

指數成長或指數衰減只須考慮速度正比於位置的系統。如果速度是位置的正倍數，則位置距離平衡點愈遠，速度就會愈快，進而讓位置離平衡點愈來愈遠。這就是一個不穩定系統，數值變得愈來愈大，呈現指數成長。反之，如果速度是位置的負倍數，就會像鐘擺一樣，速度會嘗試將位置拉回平衡點。但和鐘擺不同的是，位置距離平衡點愈近，速度就會愈小，並不會像鐘擺一樣擺動超過平衡點，而會在到達平衡點時正好停止。這樣的系統正是前面討論到的指數衰減。

換句話說，微分方程的微小變化也可能對簡單系統造成重大影響。如果我們不只是追蹤直線上的位置這類一維量值，而是使用微分方程建構更高維模型的量值，例如真實世界的三維空間，微分方程模型就有可能會出現更複雜的行為。

其中一個聲名最顯赫的微分方程組，是由麻省理工學院的氣象學家勞倫茲（Edward Lorenz）和計算機科學家費特（Ellen Fetter）於 1963 年寫出，用來建構大氣行為模型。前面已提過預測天氣是極為複雜的問題，有許多量值需要建構到模型中，例如每個邊長 1 公里的正方形區塊中的各種條件的數值，因此天氣預測的微分方程會有許多項。

相較之下，勞倫茲和費特的微分方程看起來並不複雜，只含有非常少的項，而且只使用最簡單的「速度取決於位置」關係來描述，並不需要考慮加速度。大氣行為的微妙之處在於：微分方程內含有三個各自乘以不同項的常數值，數學家稱之為「參數」（parameter）。

結果顯示，這三個參數只要稍微變動，就可能對勞倫茲和費特系統的行為造成巨大影響。如果帶入某些參數，無論初始條件為何，都會收斂到平衡點，並不會出現值得探究的行為。

然而，如果帶入另一些參數，就會產生更精采的行為。選擇某些參數，會讓系統無法收斂到單一平衡點，而會出現一種奇怪又美麗的數學物件，稱作「勞倫茲吸子」（Lorenz attractor），這是一種碎形（fractal）。勞倫茲吸子並非二維（像紙張）或是三維（像杯子），而是 2.06 維！如果這個維度大家毫無概念，也請別擔心，我其實也不太理解。一個數學物件的維度不是整數，本來就十分不可思議。

事實上，勞倫茲和費特微分方程僅使用很簡單的規則，卻創造出如此瘋狂的行為，這為混沌理論（chaos theory）的發展，建立了開端。許多人認為，兩人的研究可以使用「蝴蝶效應」來總結，蝴蝶效應指的是：系統中的微小變化，也能夠導致巨大的影響。事實上，動態系統（dynamical system）這個數學研究領域，仍在不斷研究這類微分方程的特性，也誕生了許多菲爾茲獎（Fields Medal，相當於數學界的諾貝爾獎）得主。

以上內容說明了遵循簡單規則的系統，如何出現怪異和意料之外的行為。而本章接下來的內容將說明，規則限制之下導致的更多更容易預測、但仍頗具意義的行為。既然我們已經知道微分方程可以得出指數成長或指數衰減行為，就能夠開始思考這類方程式如何用來描述疫情，並且瞭解到，為何疫情不會永遠維持指數成長。

流行病 SIR 模型

西班牙大流感肆虐全球後不久，1927 年時，蘇格蘭生化學家柯邁克（W. O. Kermack）和流行病學家麥肯德里克（A. G. McKendrick）發表了使用微分方程模擬大流感的突破性研究成果。這篇論文最先提出現今令人聞風喪膽的傳染數（見第 68 頁），兩人稱傳染數為「一個因果因子，足以用來解釋在所有族群中幾乎都會出現大流行的疾病，其擴散的程度」。

兩人的論文提出了現在廣為人知的 SIR 模型，其中的 S、I、R 分別代表易感染（susceptible, S）、已感染（infectious, I）和已復原（recovered, R）。模型的概念是：在染疫後會出現長期免疫的自然傳染過程中，人們必然會從易感染狀態（還沒被感染），進入已感染狀態（會感染他人的狀態），再到最後的已復原狀態（已經免疫的狀態）。當然 SIR 模型只能概略描述真實狀況，但在思考疾病動態時，已十分實用。

柯邁克和麥肯德里克的研究，說明了人們從易感染狀態進入已感染狀態、再進入已復原狀態的速率。而最需要瞭解的關鍵在於：兩人如何將思考流行病的方式，從離散過程（發生在離散的時段，人數以整數計算），轉換為連續過程（人數可以是任意數字）。

由於受到隨機染疫機率影響，我們並無法預測某一天確切的染疫人數。同理來說，如果我們每天擲 30 顆骰子，也無法得知特定的某一天，會有多少顆骰子擲出 6 點，但可以確信長期平均會接近 5 次。如同費米估算，每天的染疫人數可能大於、或小於預測的平均數，但平均起來就會互相抵消。也就是說，平均數已經能夠提供足夠好的預測，因此瞭解平均數的行為就已經足夠。這個理論有時會稱為流體極限（fluid limit）。第 5 章〈隨機散布的資料〉會提到的大數法則，將能夠更正式說明上述論點。

利用狀態的動態變化，就能說明柯邁克和麥肯德里克的 SIR 模型。易感染的人群在染疫後，會移動到已感染狀態，這個過程需要易感染和已感染的子群體互相接觸。如果將其中一個子群體的人數加倍，接觸速率也會倍增。也就是說，具傳染力的接觸速率，等於易感染人數乘以已感染人數，再乘以某個參數。

我們認為已感染的人會以某個固定速率康復，因此已復原人數的增加速率會與已感染人數成正比。已感染人數因易感染的人染疫而增加，並因已感染的人康復而減少，而群體總人數則始終不變（此處忽略出生和死亡人數）。

以上是說明疫情演變很合理且直觀的規則，可以得出三個微分方程。這三個微分方程並不像前面提到某些模型的微分方程那麼容易解出。然而，理論上或利用電腦「確實可以」得出解答，並瞭解微分方程的特性。

結果顯示，疫情早期染疫人數會呈現指數成長。著名的傳染數，嚴格來說是基本傳染數（basic reproduction number, R_0），也可以利用模型中的參數導出。（具體來說，R_0 是人們從易感染狀態移動到已感染狀態的速率，除以從已感染狀態移動到已復原狀態的速率。這完全可以直觀理解：如果人們染疫速率比復原速率快，則染疫人數就會成長，而基本傳染數就會大於 1。）但這樣的指數成長階段並不會永遠持續下去。一旦群體中有足夠多人離開易感染狀態，染疫人數增加速率就會趨緩，染疫人數曲線也會漸趨平滑。事實上，柯邁克和麥肯德里克的其中一項重大貢獻，就是意識到在族群中全部人口皆染疫之前，疫情就會結束，也就是部分人群會停留在易感染狀態中。換句話說，兩人利用 R_0 推導出著名的群體免疫閾值。

真實世界總是比模型更複雜

儘管柯邁克和麥肯德里克的研究成果是一項重大突破，呈現了許多流行病的行為，但是這麼簡潔的 SIR 模型，依然無法說明全部的問題。許多研究人員相繼開發了新模型來延伸 SIR 模型。例如，SEIR 模型增加了一個額外階段：已暴露（exposed, E），也就是某人已經染疫，但還不會傳染給他人的階段。以新冠肺炎為例，這個階段大約會持續 5 天。

無論如何，這類模型都有一項共同特色：模型都使用相對簡單的微分方程組，來描述疾病動態。然而，這些方程組並無法告訴我們新冠肺炎疫情傳播的全貌。例如，第 3 章〈對數刻度下的指數成長〉討論到的英國，疫情有多個明顯的染疫人數成長和減少階段。全球多國也都出現過類似狀況，由於人們行為改變和新冠肺炎變種出現，而形成多波疫情。任何傳統的 SIR 或 SEIR 模型中，並無法看到上述行為。這些模型通常只會出現一波疫情，容易導致人們誤以為不會有更多波疫情爆發，以及認為觀察到染疫人數下降，是因為留在易感染狀態的人數已經足夠少。

從過去的經驗發現，如果採用上述判斷，往往都會出問題。我個人認為，標準的 SIR 只要針對一個關鍵點做調整，就能夠大致呈現這些疫情的動態。這個關鍵點就是：封城和社交距離大幅降低（至少暫時降低）了人們從易感染子群體移動到已感染子群體的速率。縱使柯邁克和麥肯德里克的模型中，含有一個這種移動速率的常數參數，但較佳的模型需要能讓這個參數隨著時間而變動（但參數在封城期間可能保持不變）。經過上述調整後，新版本的微分方程模型，依然能夠說明大部分英國觀察到的疫情傳播行為。

無論如何，瞭解這類微分方程模型，明顯是瞭解許多物理過程隨時間發展的關鍵。目前我們已經瞭解到，簡單的數學結構也能夠呈現許多真實世界現象的行為。然而，真實世界的行為總是無法如同理論上那般理想化。因此，我們需要討論隨機性扮演的角色，隨機性是本書第二單元的主題。

結論

我們已瞭解到，將空間和時間分割成離散的區塊，以及描述系統遵循的規則，如何能幫助我們解釋許多過程的行為。利用簡單的規則可以說明，彈簧和鐘擺等行為規律的物體的運動。

此外，遵循簡單的規則，也能產生更多無規律的行為，例如天氣系統的行為。柯邁克和麥肯德里克的流行病 SIR 模型，居然也可以使用類似的規則來說明，令人十分訝異。許多新冠肺炎疫情觀察到的特性，包含早期由傳染數控制的染疫人數指數成長，以及明顯存在的群體免疫閾值，都可以利用 SIR 模型來解釋。

課後作業

若大家想進一步探討，由簡單規則定義的過程行為的概念，可以思考生活中物體的運動方式。例如，大家可以到遊樂場觀察盪鞦韆和滑溜滑梯的小孩，盪鞦韆的小孩前後來回擺動遵循鐘擺規則，而滑溜滑梯的小孩則會在重力和摩擦力影響下，以不同速率朝單一方向移動。

大家可以思考第 1 章〈一張好圖勝過千言萬語〉討論到的網球受到哪些力量影響，最終遵循拋物線的運動方式。大家也可以觀察熔岩燈或滴水的水龍頭，這些物體的行為雖然仍受到物理定律控制，但卻更難以預測。

第二單元

隨機性

第 5 章

隨機散布的資料

想像你繼承了 1,000 英鎊的遺產，想要讓這筆錢變得更大。你可能會選擇投資股市，希望能夠找到績優股低買高賣；你也可能選擇下注運彩，或許你支持的球隊正在和地主隊比賽，又或許有一匹賽馬的名字很有趣；或者你比較喜歡純機率遊戲，在賭場中將遺產全部押注在輪盤、骰子或紙牌遊戲上。

坦白說，以上三種方法都無法像存錢在固定利率的儲蓄帳戶般，能保證增加財富，因為三種方法皆涉及程度各異的隨機性。大家應該都清楚明白，許多賭場遊戲都是純機率遊戲，本質上完全無法預測。然而，本章將會提出強而有力的理由，說明股價和運動比賽具有某些相同的性質。

丟硬幣與大數法則

先來討論股票市場，股市的行為似乎完全無法預測。從理論層面來看，股價行為隨機到何種程度，依然頗具爭論。我們可能會認為，如同前一章提到的天氣例子，萬物都遵循一系列的自然法則，唯有更精準建構股市模型，才能完美瞭解股價變化。

然而，接下來我將會使用隨機性概念，簡化呈現每日股價的波動狀況確實難以捉摸。有些證券的價格較容易確定，例如追蹤特定指數的基金，投信會利用發行量控制市場供需，讓基金價格符合所追蹤的特定指數；而有些證券的價格基本上無法預測，例如某個股市大亨可能出於未知原因的個人喜好，決定買賣特定股票而造成股價漲跌。當然，如果有人真能預測股價變化，就能夠獲得巨大財富，但似乎還找不到任何人，能夠完美預測短期的市場走向。

如同第 1 章〈一張好圖勝過千言萬語〉使用了線性函數這類簡單函數來瞭解圖形和曲線。這裡也可以利用「硬幣」這個簡單物體來瞭解隨機性。丟一枚硬幣時，如果沒有理由認為硬幣較可能出現正面或反面，則我們會認為硬幣有 50% 機率出現正面，這類硬幣稱為公平硬幣（fair coin）。

有時候，考慮偏差硬幣（biased coin）也很有幫助。偏差硬幣指的是丟出正面的機率並非 50% 的硬幣，有可能是因為重量偏重某一面所導致。事實上在本書中，有時我們會設想擁有一組完整系列的偏差硬幣，若給定任意機率，例如 83%，我們都能拿出「出現正面的機率與給定機率相等」的硬幣。

丟任意硬幣許多次時，過去的結果並不會影響未來的結果。硬幣是無生命的物體，沒有記憶，因此並無任何機制可以讓過去的結果影響未來的結果。數學家認為，連續丟一枚公平硬幣，結果為均勻隨機（uniformly random，每種結果出現的機率相等）、且獨立（independent，每次的結果不會互相影響）。

相較之下，人類非常不善於製造隨機結果。為了說明這個論點，請大家從 1 到 100 中，隨機選擇一個數字。大部分人潛意識會認為奇數比偶數「感覺更隨機」，而中間的數字比 1 或 9「感覺更隨機」。因此，會有超過隨機選擇下應有比例的人，選擇了 37 或 73，而且必定有超過一半的人選擇奇數。

至於「獨立」這個特性，則可能會引起某種程度的混淆，主要因為有兩個名稱非常相似的原則，其中一個是錯誤的謠傳，另一個則是正確的數學事實。

錯誤的謠傳原則是平均律（law of averages）。平均律認為，如果硬幣已經一陣子沒丟出正面，則下一次有更大機會丟出正面，這樣才能讓結果序列看起來更平衡。許多人會根據這種想法，制定買樂透策略，只選擇近期沒有抽出來的彩球號碼。但令人失望的是，就像硬幣一樣，樂透彩球並沒有過去已抽取過哪號球的記憶，因此這種策略注定失敗。根據平均律想法提出的論點，有時稱為賭徒謬誤（gambler's fallacy）。

然而，另一個看起來很類似的原則「大數法則」（law of large numbers）卻正確無誤。大數法則告訴我們，如果不斷重複結果獨立的實驗，則特定結果出現的次數比例，會愈來愈接近該結果理論上應當出現的機率。這個特性十分巧妙，但丟硬幣實驗卻能清楚說明這個大數法則。如果丟了許多枚硬幣，我們可以期望大約一半的硬幣會丟出正面。但我們並不能期望「剛好」有一半的硬幣丟出正面，譬如，丟擲了一百萬枚硬幣，其中剛好有五十萬枚丟出正面，這絕對會令人大為震驚。此外，雖然從理論上來說，還是有極小的機率沒有任何硬幣丟出正面，但如果真出現這樣的結果，同樣會令人感到極度錯愕。

數學家和統計學家喜歡計算出，有高機率包含實際實驗結果比例的範圍，藉此呈現大數法則。例如，我會請大家丟一枚硬幣10 次，然後計算丟出正面的次數。

在右頁的表格中，我列出了所有結果出現的機率，包含結

正面次數	確切機率	百分比
0	1/1024	0.1
1	10/1024	1.0
2	45/1024	4.4
3	120/1024	11.7
4	210/1024	20.5
5	252/1024	24.6
6	210/1024	20.5
7	120/1024	11.7
8	45/1024	4.4
9	10/1024	1.0
10	1/1024	0.1

果發生的確切機率和近似百分比。大家可以看到 10 次的一半：5 次，確實是最可能出現的結果。而大約有三分之二的結果會落在 4 次到 6 次之間。實驗結果少於 2 次或超過 8 次的狀況十分罕見，如果你丟出這樣的結果，運氣鐵定過於常人。（若你進行二十回實驗，會有超過十九回的結果落在 2 次到 8 次之間。）

請不要太糾結於這些機率如何計算得出，但如果你真的想知道，可以參考以下的算法。任何特定預先決定的 10 次丟硬幣結果序列，都有相同的出現機率，即 1 / 1024。看到特定結果的機率，例如 3 次正面，則可以計算有多少序列含有 3 次正面和 7 次反面來得出。

如果有充足時間和一張白紙的話，你可以試著檢查機率中的分子部分：1、10、45、120、210、252……剛好是巴斯卡三角形（Pascal's triangle）這個數學物件的其中一層。巴斯卡三角形的製作方法為：首先在三角形的最上層寫一個 1，各層的最兩側也都寫上 1，而各層的其他數字則為其正上方的左右兩個數字相加。

由於巴斯卡三角形計算了兩類物體可能的排序數目，因此機率的分子部分才會出現巴斯卡三角形中的相同數字。例如，第三層（最上層為第零層）的 1、3、3、1 這串數字，第一個 3 對應到出現 1 個正面、2 個反面的序列數量（正反反、反正反、反反正）。同理可得，丟 10 次硬幣出現 3 次正面、7 次反面的不同序列共有 120 種（第十層的第四個數字），而 7 次正面、3 次反面的不同序列也是 120 種。利用巴斯卡三角形，可以發現表格中的數字上下對稱的原因。

如果丟硬幣的次數太多，類似以上的機率表格就會過於巨大而難以畫出。然而，使用相同概念在丟硬幣次數固定下，數學家都能夠計算出 20 回實驗中有 19 回實驗會出現的結果範圍。隨著丟硬幣次數增加，這個範圍就會相對縮小，如右頁表格所示（其中第一列是前述丟 10 次硬幣的例子）。

舉例來說，丟 100 次硬幣的話，可以信心滿滿的相信有 40%

到 60% 的結果會出現正面，如果丟 1,000,000 次硬幣的話，這個範圍會縮小到 49.9% 到 50.1%。這個例子完美說明了大數法則。

丟硬幣次數	出現正面的次數範圍	出現正面的比例
10	2-8	0.2-0.8
100	40-60	0.4-0.6
10,000	4,902-5,098	0.4902-0.5098
1,000,000	499,020-500,980	0.49902-0.50098

擲骰子與期望值

事實上，大數法則除了用來說明丟硬幣之外，在許多狀況下也都成立。大數法則結合了兩個「平均」的直觀概念，告訴我們如果重複實驗愈多次，實驗結果的數值就會愈集中。

這次不丟硬幣了，改成擲一顆標準的六面骰。擲六面骰的結果也和丟硬幣一樣獨立且均勻隨機。我們可以記錄連續擲骰的結果。例如，我擲了 10 次骰子的結果為：1、5、3、2、2、6、1、4、6、1，總點數為 31。我非常鼓勵大家親手找一顆骰子，實驗看看，擲 10 次骰子然後加總，算出總點數。以我的實驗結果為例，擲骰結果的樣本平均數（sample average）為總點數 31 除以擲骰次數 10，得到 3.1。一般來說，樣本平均數的計算方法為：將重複實驗觀察到的結果加總，然後除以實驗進行的次數。

甚至也可以用相同方法處理前述丟硬幣實驗，丟出正面時，寫上 1，丟出反面則寫上 0。如此，樣本平均數就會是結果的總和（也就是正面出現的次數。每次丟出正面，總和增加 1，丟出反面，總和保持不變）除以丟硬幣次數。換句話說，樣本平均數正好就是丟出正面的比例。

請注意，因為每次實驗結果皆為隨機，樣本平均數本身也同樣隨機。例如擲骰子的實驗中，原則上有機會看到，樣本平均數出現 1（擲出 10 次 1）到 6（擲出 10 次 6）之間的任何數值。有很高的機率，大家擲骰結果的總點數不會正好是 31；當然也無法排除剛好丟出總點數 31。然而可以明顯感覺到，樣本平均數更容易出現某些數值。事實上，我們可以推估可能結果範圍中間的數值，也就是 3.5，應當是最有機會出現的樣本平均數。理由如下：1 和 6 出現機率相等，同理 2 和 5 以及 3 和 4 的出現機率也相等，而每一對組合的平均值都是 3.5。

我們同樣也可以寫出與丟硬幣例子類似的表格。實際計算擲骰機率的方法，稍微比使用巴斯卡三角形複雜些。右頁的表格是從完整表格中擷取的部分內容。請注意，每個特定結果發生的機率都不高，最可能出現的總點數 35，大約在每 14 回實驗中會出現 1 回。雖說如此，十顆骰子的總點數有略微超過三分之二的機率，會落在 30 到 40 之間，也就是樣本平均數落在 3 和 4 之間。

繪製不同總點數出現機率的圖，也能看到相同的狀況。從第 108 頁的圖中，明顯可以看到，極端值（總點數不到 20 或超過

擲十顆骰子的總點數	確切機率	百分比
30	2930455/60466176	4.8
31	3393610/60466176	5.6
32	3801535/60466176	6.3
33	4121260/60466176	6.8
34	4325310/60466176	7.2
35	4395456/60466176	7.3
36	4325310/60466176	7.2
37	4121260/60466176	6.8
38	3801535/60466176	6.3
39	3393610/60466176	5.6
40	2930455/60466176	4.8

50）出現的機率非常小。如果你的實驗結果是落在極端值範圍的話，表示你的運氣不同凡響。此外，總點數愈接近 35，出現機率愈高。

大數法則將上述直觀結果寫成了正式理論。大數法則提出：如果擲一顆骰子非常多次，則結果的樣本平均數極可能十分接近 3.5。事實上，這樣的結果在眾多獨立實驗都成立。各種實驗都能夠找到某個「期望值」（expected value）。一般來說，大數法則認為：無論是哪種重複實驗，結果的樣本平均數都很可能會十分接近期望值。

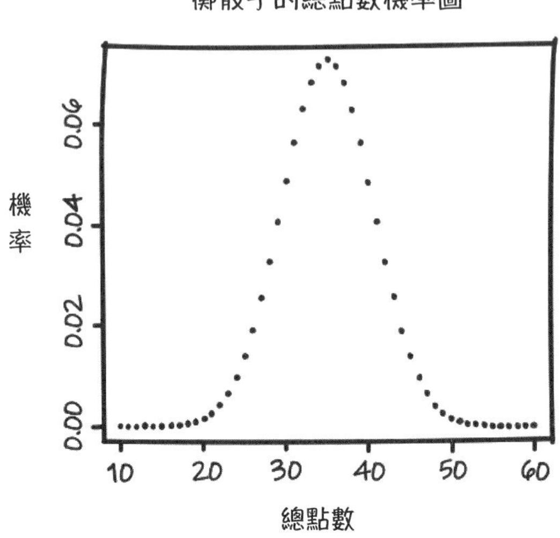

接下來，將進一步說明如何計算期望值。期望值同樣是一種平均值。如果實驗為均勻隨機，則期望值等於可能出現的結果的總和除以結果的個數。因此，擲骰子的期望值為（1 + 2 + 3 + 4 + 5 + 6）/ 6，等於 3.5。丟硬幣的期望值為（0 + 1）/ 2 等於 0.5。

如果結果並非均勻隨機，計算期望值的方法就比較複雜了。雖然同樣是計算結果的平均值，但結果需要乘上各自出現機率的權重。例如，假設丟的是偏差硬幣，2/3 的機率丟出正面，1/3 的機率丟出反面，則丟出正面的期望值為（2/3 × 1）+（1/3 × 0），也就是 2/3。

請注意，「期望」這個說法有些奇怪。例如擲骰子，由於骰子只有整數點，所以永遠都丟不出 3.5 這個結果。因此，實際上根本無法期望能看到這個期望值出現。我們應該將期望值視為：在重複足夠多次下的長期結果平均值。

不同的實驗也可能得到相同的期望值。例如，如果丟一枚公平硬幣，一面寫著 3、另一面寫著 4，則期望值為（3 + 4）/ 2，也就是 3.5，與擲骰子的期望值相同。但很明顯的，擲骰子結果的數值分布，會比丟硬幣的結果更分散。擲骰子的結果點數最多可能距離期望值達 2.5，但公平硬幣無論丟出哪一面，結果與期望值的差異都會在 0.5 以內。

使用變異數（variance）就能夠呈現不同實驗結果的不同散布程度。可惜的是，計算變異數的方法稍微複雜了些，本書就略過不提。但基本上來說，結果數值分布愈廣，則變異數愈大。期望值告訴我們，該從哪個數值開始尋找實驗結果；而變異數則告訴我們，要多遠才能找到結果。

足球賽的期望進球數

最近，期望值在體育賽事分析上，找到了新生命，其中一例是足球比賽中使用的期望進球數（expected goals, xG）。期望進球數需要利用大量數據和強大算力計算得出，但核心概念還是數學。球迷往往想要更深入瞭解比賽，而非只是知道最終比分。無論支持的球隊是輸是贏，如果能知道結果是否如實反映了球隊真正的實力，都能為球迷增添贏球的喜悅或減輕輸球的難過。

因此，除了進球數之外，許多新機構現在都會提供控球率等等比賽相關數據。值得一提的是，這些指標本身都有些問題，僅能反映出一支球隊的戰術風格，並無法對應到得分能力。例如，一支著重防守阻擋對手進攻、然後伺機迅速反擊的隊伍，控球率可能偏低，但這樣的戰術可能極為有效。萊斯特城足球俱樂部 2016 年整個賽季的控球率僅有 43%，卻贏得了英格蘭足球超級聯賽冠軍。

其中一個傳統上用來評估球隊表現的方法，就僅僅只是計算射門數而已。有時評估方法會改良為僅計算射正數（如果沒有被門將或最後一名後衛攔截，就會進網的球），但即使是射正數，依然無法充分反映球隊真實得分能力。進攻球隊可能會因為對方嚴密的防守而攻勢受挫，進而多次嘗試遠距離射門碰運氣，但這些球卻往往會被門將輕鬆攔截。採用這種遠射策略，射門數可能很高，但進球數很可能不如預期。

每次射門的價值明顯並不相等。從非常差的角度遠距離射門和無人防守下在球門正前方射門是兩碼事，不應混為一談。為了量化不同狀況下射門的價值，擅長數據分析的足球迷發展出了期望進球數的概念。

首先假設我們握有大量足球比賽影片資料，能夠檢視每次射門的結果。如果將類似狀況的射門分類在一起，然後追蹤每次射門的結果，就能得出這類射門可能的價值。例如，如果從罰球區（禁區）角落射門 100 次中有 12 次進球，我們會認為這類射門的進球機率為 12 / 100 = 0.12。

當然，也可以進一步考慮射門時，最接近進攻球員的防守球員位置，來讓數字更準確，例如將受到嚴密盯防和無人防守的射門，區分為不同類。

期望進球數不等於實際進球數

上述評估方法因為需要結合人為判斷、數學模型、以及不同的進球資料庫來計算進球機率，因此並沒有完善定義的方法，不同機構對同一場球賽可能會提出略有出入的期望進球數。雖說如此，計算期望進球數的整體方向大致相同。

只要觀察球隊嘗試射門的狀況，將每次射門的期望進球數相加，就得到整場比賽的期望進球數。期望進球數的想法源自於北美體育界，最早用於冰上曲棍球賽事。將一場比賽分割成多個部分來衡量，就是棒球中《魔球》（*Moneyball*）哲學的核心概念。這類方法經常應用於計量金融界，並非純屬巧合。計量金融界能夠交易以股票為基礎產生的衍生性量值，例如股市波動率。這類方法也往往會吸引在金融市場大賺特賺的球隊老闆們的興趣。

加總每次射門的期望進球數，之所以能用來估算整場比賽的期望進球數，背後的理論基礎就是大數法則。如果某次射門進球得分的機率為 0.12，則每次射門的期望進球數為（0.12 × 1）+（0.88 × 0）= 0.12。因此，如果整場比賽使用這種方法射門 10 次，則所有射門的總期望進球數為 0.12 × 10 = 1.2，也就是將 10 次射門的期望進球數相加。

然而，我們應該停下來思考一下這種計算方式代表的意義。

期望進球數確實是非常聰明的資料驅動分析方法。然而，足球比賽勝敗關鍵在於實際進球數，而非期望進球數。

舉例來說，2022 年歐洲冠軍聯賽決賽後，利物浦球迷可能會覺得老天真是不公平，當時大多數的期望進球數模型計算出的結果，都由利物浦足球俱樂部領先，但實際上卻是皇家馬德里足球俱樂部贏得冠軍。然而，這樣的結果部分受到期望進球數系統本身限制的影響。如同前面的說明，期望進球數僅根據過去的平均結果，僅考慮射門球員和防守球員位置，卻忽略了門將防守能力這個關鍵因素。利物浦多次射門雖然都有極高的期望進球數，但都被皇家馬德里的世界級門將拒於門外。過去相同狀況下，射門被實力較差門將擋下來的機率資料，可能一點都不具參考價值。

但還有一個更深層的問題，就是隨機性。如同我們丟 10,000 次硬幣並不期望正好能丟出 5,000 次正面，我們也不期望比賽最終比分正好為期望進球數（況且期望進球數通常也不是整數）。事實上，在一場比賽過程中會出現許多隨機性，情況非常類似丟 10 次硬幣的例子。

我舉一個我最喜歡的足球比賽結果來詳細說明。2020 年 10 月 4 日，我支持的阿斯頓維拉足球俱樂部，以 7 比 2 的比數擊敗上季聯賽冠軍利物浦足球俱樂部。單純以兩隊先前的表現來說，這個結果令人大感訝異。但就算是根據比賽過程計算出的期望進球數，比賽結果依然讓人意外。understat.com 網站提供的期望進球數為：阿斯頓維拉 3.08 球和利物浦 1.66 球。我想利用這兩個數字來說明我的論點：實際上各種比賽結果都有可能發生。阿斯頓維拉的最終得分遠遠超過網站提供的理論數字，或許是因為有些長距離突然起腳射門，踢到後衛而折射入門，或是發生了其他隨機事件。

我們可以將期望進球數轉換為機率，並繪製成類似前面硬幣和骰子的圖，藉此更清楚標定和說明上述狀況。最標準的方法是設想實際進球數是由卜瓦松分布（Poisson distribution）隨機產生。卜瓦松分布是標定大量罕見事件發生可能性的標準方法，會在各種不同場景下使用，包含非常詭異的普魯士騎兵軍官被所騎的馬踢死的人數等等。我將 3.08 和 1.66 帶入卜瓦松分布的公式，會得到兩張機率分布圖，如本頁下方的圖和次頁上方的圖。

從這兩張圖可以發現，可能出現的結果範圍非常廣。阿斯頓維拉踢進 7 球的機率非常低，但踢進任何特定球數的機率同樣也都偏低，最可能踢進的球數是 3 球，機率約為 22%。

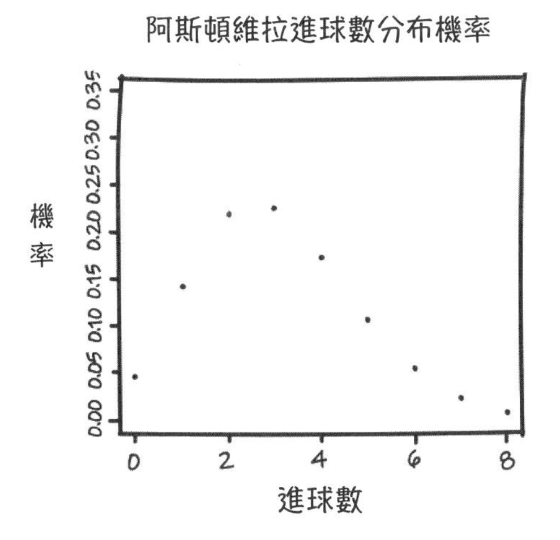

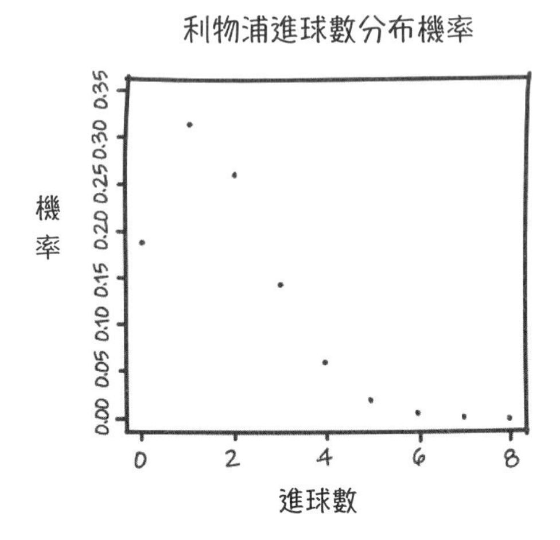

事實上，模型顯示阿斯頓維拉踢進 2 球或 2 球以下的機率為 40%，而利物浦踢進 3 球或 3 球以上的機率則為 23%。

我們可以進一步假設，兩支球隊的最終得分正如這兩張圖般各自獨立，然後再來分析討論。但首先需要提醒，上述假設很可能不成立，其中一隊的表現很可能會影響另一隊：假設其中一隊以 1 比 0 領先，另一隊很可能會燃起鬥志努力追分；但如果是 4 比 0 領先，則另一隊很可能會喪失鬥志，或停止進攻、重兵防守後場，以避免失更多分。

雖說如此，如果假設兩隊的進球數各自獨立，則可以計算出任何比分出現的機率。結果顯示，7 比 2 的最終比分極其不可能出現。即使阿斯頓維拉當天積極進攻，讓期望進球數來到 3.08，7 比 2 的比分結果出現的機率依然僅有 0.6%。這個模型認為，阿斯頓維拉有 66.1% 的機率獲勝、15.5% 的機率兩隊平手，而利物浦獲勝的機率則為 18.4%。因此如果認為，在這樣的期望進球數下，利物浦依然有機會獲勝，也並非毫無道理。

然而，我認為上述討論真正讓我們學到的是：體育賽事精采刺激的原因之一，就是無法全然預測。嘗試將比賽簡化為數學模型，很可能會忽略了「天有不測風雲」這個因素。至少我們應該記住，期望進球數僅僅說明了比賽進行許多次之後的平均結果。任何一場比賽都會受到隨機性影響，隨機性通常會在整個賽季中互相抵消，而讓結果趨近平均值，但是任何一場比賽的結果都可能大爆冷門。

常見的鐘型曲線

大家應該還記得大數法則告訴我們，如果重複一個實驗足夠多次，樣本平均數就會接近期望值。事實上還可以更深入探究。例如，由於丟一枚硬幣出現正面的次數期望值為 0.5，因此若丟 10,000 次硬幣，出現正面的樣本平均數就會接近 0.5 次。這意味著約有一半的結果，也就是約有 5,000 次會丟出正面。

使用與先前相同的方法，就能計算「出現任何特定正面次數的機率」，如次頁的圖所示。

圖中可以觀察到幾個現象。首先，沒有任何一個結果出現的機率特別高。出現機率最高的結果為 5,000 次正面，但即使是最高機率也僅有 0.8%。這證明了前面的直覺，即使期望值為 5,000 次，也極不可能正好出現 5,000 次正面。再者，我們會發現機率

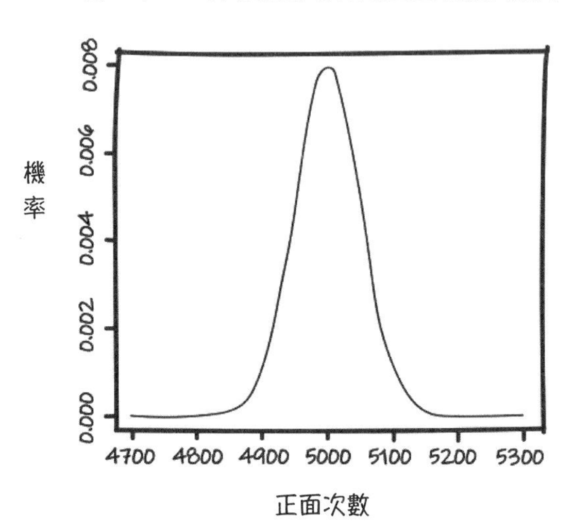

曲線的形狀為鐘型，有時會稱為常態分布（normal distribution）或是高斯分布（Gaussian distribution）。第三，可能也是最神奇的地方在於曲線和十個骰子點數總和的曲線形狀（見第 108 頁）極為相似，只差在 x 軸和 y 軸的數值不同。

這並非巧合。事實上，只要計算平均值的對象，其結果之間互相獨立且不太會出現過大值，則常態曲線就能夠普遍應用到許多加總與平均的情境中。

大數法則告訴我們，只要實驗次數夠多，樣本平均數就會接近期望值。另一個原則「中央極限定理」（central limit theorem）則告訴我們，樣本平均數出現特定值的機率分布，都會接近常態分布，就算是丟一枚偏差硬幣，結果也不例外。

但需要特別注意，中央極限定理雖然一般狀況都適用，卻仍然有不適用的狀況。如果計算平均值的事物，各結果之間並非獨立，或出現極大值（詳見接下來關於「極端值」的討論）的機率太高，就無法簡單使用中央極限定理。

過去就曾因為誤用中央極限定理，而造成嚴重問題。例如，2007 年 8 月金融危機期間的許多問題，就是因為誤以為佛州和加州的抵押貸款違約狀況互相獨立，但實則兩州的抵押貸款違約皆受到美國經濟基本面的影響。因此，與獨立假設下的違約率相比，兩州的違約率更有可能同時上升。這代表相較於基本分析，總損失很可能會遠遠超乎預期。

再者，請務必記得，中央極限定理並未告訴我們，「所有」資料都能擬合到鐘型曲線中。嚴格來說，只有加總或平均大量足夠獨立的資料，才能使用中央極限定理。話雖如此，這類鐘型曲線確實能夠適切解釋某些情境下產生的資料，例如，繪製「隨機抽樣人群的身高」曲線，也很有機會看到鐘型曲線。

平均數 vs. 中位數

然而，資料數據也可能會產生其他曲線，不假思索就採用中央極限定理，很可能會錯誤解讀資料數據，第 7 章〈條件機率與貝氏定理〉將深入探討這個議題。

其中一個可能造成誤解的原因，就是鐘型曲線的對稱性。鐘型曲線中，數值大於曲線中間值與小於中間值的機率相等。更專業的說法是，中位數（median，在這個數值的兩側，出現機率各占一半）等於樣本平均數。

但並非所有資料都具備這種對稱性，瞭解資料的期望值（平均數）和中位數可能差異甚大，也十分重要。例如，下面這張由英國國家統計局（ONS）發布的家庭所得直方圖顯示，家庭所得分布一點也不對稱，平均數比中位數高出約 7,000 英鎊。這是因為此分布為偏態分布（skewed distribution），由一小部分高所得族群拉高了平均數，但對於中位數的影響並不大。

我們可以使用平均數和中位數的概念，再次思考第 2 章〈在合理範圍內估算〉提到的電子郵件例子。電子郵件如同家庭所得

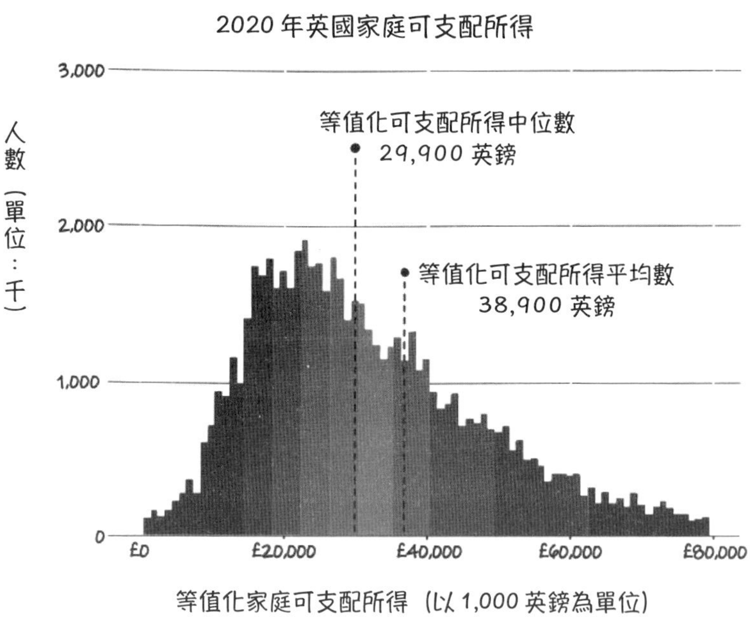

2020 年英國家庭可支配所得

3,000
2,000
1,000
0
人數（單位：千）
等值化可支配所得中位數
29,900 英鎊
等值化可支配所得平均數
38,900 英鎊
£0
£20,000
£40,000
£60,000
£80,000
等值化家庭可支配所得（以 1,000 英鎊為單位）

資料，某些帳號傳送量極高（機器人、電子報等等）意味著信件傳送量的中位數會遠遠小於平均數。

然而，接收量的分布則可能十分平坦，也就是接收量的中位數可能很接近平均數。另一種數學的說法是：由於接收量的數值散布情況較集中，因此接收量的變異數可能遠小於傳送量的變異數。

雖說有上述問題，中央極限定理依然是很強大的工具。中央極限定理不僅告訴我們，重複實驗的加總結果會呈現鐘型分布，也明確指出預期的分布形狀。也就是說，我們可以設想出一系列鐘型曲線，包含窄高和寬扁的鐘型曲線，然後透過拉伸或壓縮 x 軸，並且同時壓縮或拉伸 y 軸的對應程度，進行補償，讓一條曲線變成另一條曲線。

根據我們對鐘形曲線的瞭解，較窄的鐘型曲線對應到能夠合理認為結果值很接近期望值的情境；而較寬的鐘型曲線則存在更多不確定性。這可能會讓大家想到變異數，而鐘形曲線確實與變異數有關。中央極限定理明確告訴我們，低變異數實驗會產生集中的結果（較窄的鐘型曲線），而高變異數實驗則會產生較不確定的結果（較寬的鐘型曲線）。

透過思考兩個期望值同為 3.5 的實驗，就可說明上述狀況。還記得我們發現，丟一枚正反面分別標記為 3 和 4 的硬幣，得到的期望值和擲一顆公平骰子相同。但丟硬幣的結果，變異數比擲骰子低得多（丟硬幣為 1/4，擲骰子為 35/12），所以丟硬幣的結果較集中。

中央極限定理告訴我們，如果兩種實驗都進行 10,000 次、並加總實驗結果後，所會出現的數值分布，結果正是兩條不同的鐘型曲線。

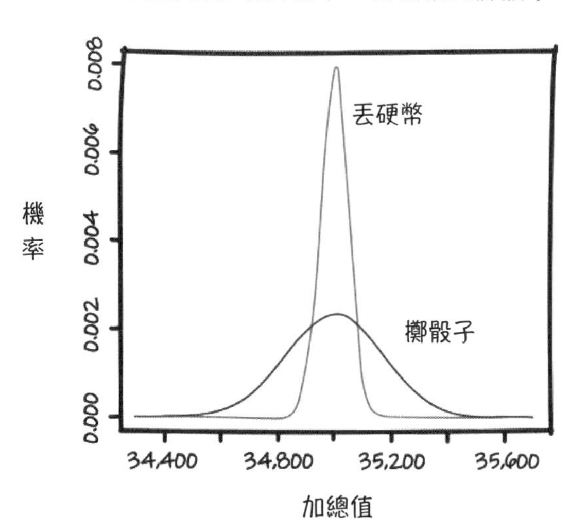

正如我們所預料，兩條曲線的正中央皆位在期望值 35,000。但代表丟硬幣實驗的淺灰色曲線較窄，意味著幾乎所有結果都會落在距離期望值 100 以內。相較之下，代表擲骰子實驗的深灰色曲線較寬，很有機會看到距離期望值 300 以上的結果。

此外，中央極限定理也告訴我們，重複相同實驗愈多次，加總的鐘形曲線分布也會愈狹窄。這正是本章稍早提到的表格中的行為，若將丟硬幣次數增加為 100 倍，就能讓出現正面的合理比例範圍縮小為 1/10。

極端值

雖然我們已經瞭解，期望值和變異數在呈現隨機結果的中心和散布時，十分實用，但有時仍不足以完整呈現結果的樣貌。有時，我們需要瞭解圖形「長尾」的部分，也就是可能出現的極端值。

在思考環境或氣候變遷問題時，極端值更是特別需要考慮的因素。我們相對來說，可能不太在意 99% 的天氣狀況，然而天氣異常時發生的洪水、熱浪和暴風雪，可能會對我們的生活造成極度嚴重的影響。因此，模型建構者往往會盡量將「百年一見的洪水」這類事件納入模型中。

由於我們的直覺往往根據的是正常事件，而非極端值，因此在判斷極端事件上並不可靠。一系列因素結合後，就可能產生幾乎任何數學模型都難以預測的數值。例如，貝蒙（Bob Beamon）在 1968 年墨西哥奧運會，創下 8.90 公尺的跳遠世界紀錄，接下來的半個世紀內，僅有鮑威爾（Mike Powell）在 1991 年東京世界田徑錦標賽打破過這項紀錄。然而更令人驚訝的是，貝蒙的紀錄一舉超越了上一位紀錄保持人 55 公分，相當於 1925 年到 1967 年間，所有運動員破紀錄所增加距離的加總。

幾乎找不到任何一個統計模型，能夠將貝蒙的表現涵蓋在合理範圍內，然而在有利的海拔和風力條件下，貝蒙確實以驚人的差距打破世界紀錄。

大家同樣也幾乎都能在自己喜歡的運動項目中，找到遠遠勝過第二名的極端表現，例如布萊德曼（Don Bradman）的板球對抗賽平均成績達 99.94 分、張伯倫（Wilt Chamberlain）NBA 籃球賽單場個人投出 100 分、雷德基（Katie Ledecky）女子 800 公尺自由式成績整整領先過去紀錄達 9 秒。

這些極端的運動表現，毫無疑問，留給我們難忘且精采的鏡頭，但是其他類型的極端行為，卻有可能帶來無法控制的嚴重後果，例如氣候變遷問題。氣候變遷需要依靠大量計算模型來做出正式預測，但藉由考慮極端值，就能夠說明其中一部分問題。如果我們聽到，在沒有減緩措施下，氣候模型顯示全球平均氣溫會上升攝氏 2 度，這聽起來並不嚴重。譬如，英國 23 度的溫暖夏日氣溫會上升到 25 度，似乎不太需要緊張。

然而上升 2 度對極端值的影響卻十分重大。例如，大家可以思考一下英國最高氣溫紀錄的變化，最高氣溫在一個世紀多的期間內，上升了 3.6 度，1911 年時為 36.7 度，到了 2019 年上升到 38.7 度，而在 2022 年 7 月 19 日驟升到 40.3 度。事實上，破紀錄當天氣溫增加的度數，超過以往全球平均氣溫破紀錄時增加的溫度 1 度以上，據信大約增加了 1.2 度。換句話說，只考慮平均值並無法瞭解氣候變遷即將帶來的嚴酷後果，我們還需要考慮氣溫分布狀況。

如果我們將高於 40 度視為危險氣溫，則模擬的平均溫度上升 2 度，會讓原本氣溫可能是 38 度的日子上升到此範圍內。問題在於如果氣溫分布呈現常態分布，則氣溫出現 40 度的天數會遠遠超過原本 40 度高溫出現的天數，因此相對小的平均氣溫變化，就會大量增加危險氣溫出現的天數。

實際情況還可能更糟。如果除了期望值增加之外，氣候變遷也同時提高了分布的變異數的話，則會讓氣溫變化的不穩定度增加，更常出現極高或極低的極端氣溫——不僅平均氣溫上升，極高或極低氣溫出現的天數也會同時增加，其中極高溫天氣出現的天數更是大幅增加。

事實上，情況還可能再更糟糕。我已經說明了氣溫呈現常態分布的狀況，但還有各種比鐘形曲線更嚴重的曲線，出現極端事件的機率比常態分布更高。如果大家根據常態分布計算風險，但資料卻呈現重尾分布（heavy-tailed distribution），則很可能會嚴重低估危險天氣出現的機率。次頁的圖，取自聯合國政府間氣候變化專門委員會（IPCC）2012 年的特別報告《管理極端事件和災難風險以促進適應氣候變遷》。

不該低估極端事件發生機率

事實上，將現實狀況錯誤假設為常態分布，曾經在 2007 年 8 月金融危機時，將我們引入歧途。我在第 10 章〈漫步、排隊和網路〉將會說明，金融市場的標準模型如何導致嚴重的風險誤判。金融市場模型的基礎版本，假設股價波動為常態分布，然而每天的股價波動，有可能遠遠超出基礎模型的預測。

《金融時報》2007 年 8 月援引了高盛公司（Goldman Sachs）首席財務長的話：「我們連續好幾天看到 25 個標準差的波動。」

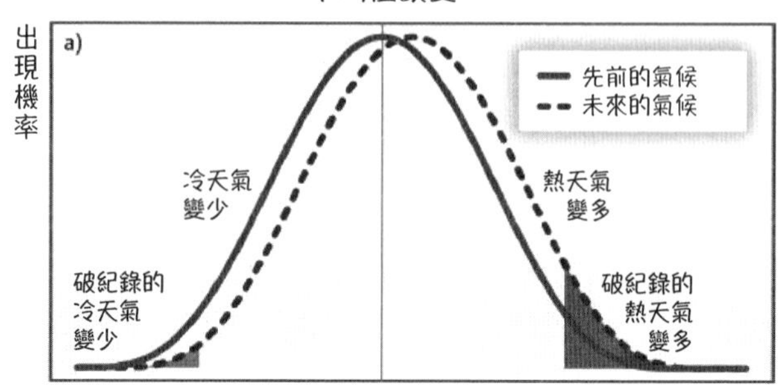

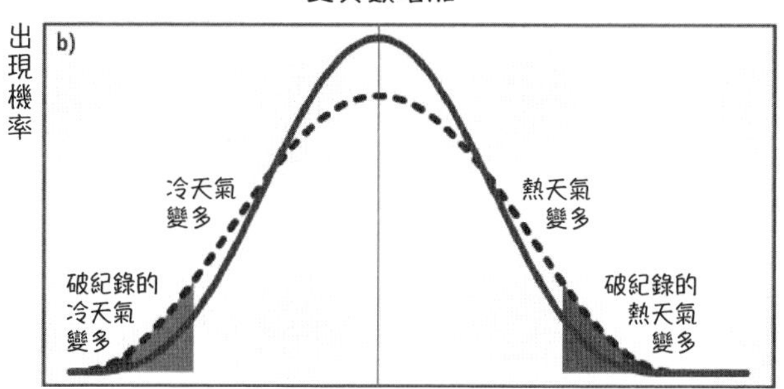

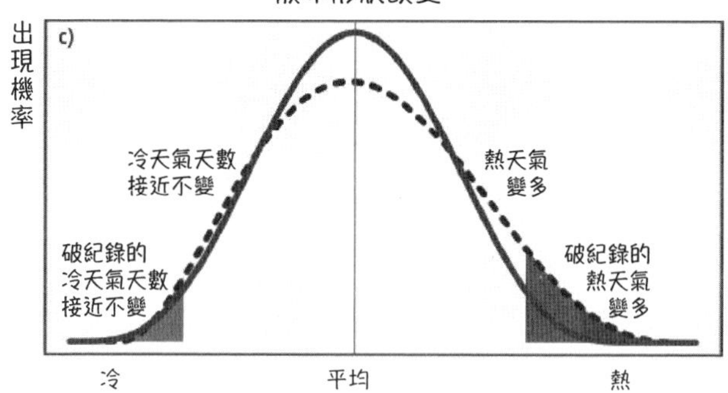

氣溫分布變化對於極端值的影響：

（上圖）簡單將整個分布向溫暖氣候移動的影響；

（中圖）增加氣溫變異數而不改變平均值的影響；

（下圖）改變分布形狀，本例中為讓分布不對稱偏向較熱天氣的影響。

這句話聽起來可能很專業，但我來告訴大家其中的涵義。常態分布中，出現距離期望值 2 個標準差（標準差是另一種測量散布程度的方法，實際上就是變異數開根號）以外數值的機率，約為 5%。由於在常態分布下，極端大的數值出現機率會急遽下降，因此看到距離期望值 25 個標準差以外的數值出現，機率大約為 10^{-136}，機率小到完全可以當作 0。基本上，我們認為在宇宙存在的時間內，一次都不會出現，更別提連續好幾天出現。

所以，我們可以簡單得到結論：高盛公司的模型完全錯誤，低估了對全球經濟帶來災難性後果的極端事件發生的機率。

因此，瞭解一組資料的極端屬性與瞭解中心和散布，同等重要。採用標準但錯誤的模型假設，會讓我們對金融市場崩潰發生的極端值出現機率，產生錯誤的安全感。我們也應該採用相同的態度，面對氣候變遷。

結論

本章討論了用來描述隨機性、比較不同隨機過程和說明資料特徵的數學語言，包含了期望值和變異數。期望值指出資料的中心位置，而變異數則告訴我們資料在期望值附近的波動範圍。此外，大數法則和中央極限定理告訴我們行為過程的長期平均值，例如丟硬幣實驗中，正面出現的比例如何隨著丟硬幣次數增加，而趨近 1/2。我們也瞭解了這些數學語言如何幫助我們理解足球比賽中的「期望進球數」指標，以及思考極端值如何能幫助我們瞭解氣候變遷或金融危機蔓延，可能造成的毀滅性後果。

課後作業

大家可以試試我提到的擲骰子和丟硬幣等簡單實驗，比較看看實驗結果和我所提出的理論分布之間的異同。大家也可以思考其他的隨機過程，例如「大富翁」遊戲中，同時擲兩顆骰子的期望點數是多少？連續擲到 3 次兩骰同點而導致必須「入獄」的機率又是多少？購買樂透的期望中獎機率是多少？期望獲得的獎金又是多少？如果獎金可以累積到下一期，而上週的頭獎獎金累積到本週頭獎獎金的話，期望獲得的獎金又會變成多少呢？

第 6 章

絕對要學會的統計方法

新藥臨床試驗與虛無假設

設想有一家製藥公司，研發了一種能夠預防中風的新藥物。新藥的生產成本高昂，而且很有可能會造成輕微、但會讓人不適的副作用，因此我們並不想建議大眾服用此藥物。但另一方面，如果新藥真的有效的話，很可能會改變整個世界！我們該如何決定是否核准這項新藥上市呢？

關鍵在於必須進行臨床試驗，臨床試驗中有許多地方需要注意。首先需要找到兩組相似的受試者，一組服用真正的藥物，另一組則服用安全無害的安慰劑。再者，參與試驗的病人必須隨機分組，就連執行試驗的醫師都不知道，每位病人服用的是真藥還是安慰劑。

接下來我會使用簡化版本，說明臨床試驗的概念。設想目前每年有 1% 的 70 歲以上男性會中風（不用太計較這個數字，這是我隨便給的）。假設製藥公司招募了 1,000 名隨機挑選的 70 歲以上男性參與試驗，並且讓受試者服用新藥一年。一年之後，製藥公司發現僅有 5 名受試者中風，我們是否應該核准此新藥？

一方面看來，試驗結果似乎很成功。因為利用第 5 章〈隨機散布的資料〉提到的數學語言來描述，如果新藥無效，則受試者中風人數的期望值為 1,000 × 1% = 10 人。很明顯 5 小於 10，看起來新藥確實有效！另一方面，從第 5 章我們也得知，極端事件（例如，阿斯頓維拉足球俱樂部在出戰上一季聯賽冠軍利物浦足球俱樂部的比賽中，踢進了 7 球）也可能隨機發生。中風人數比期望值少，是否可能也只是隨機結果呢？

與其靠直覺做決定，不如根據機率和統計，也就是很重要的「虛無假設」（null hypothesis）關鍵概念來做決定。一般來說，虛無假設代表我們對世界的預設信念。例如我們可能會預設與現狀相比，新藥沒有任何效果（包含正面效果和負面效果）。因為要改變我們對世界的預設信念並採用新藥，需要花費巨資、且勞心費力，因此只有在證據足以證明新藥有效時，才會採用新療法。具體來說，試驗結果「必須看到有別於標準療法的成效」。所以關鍵問題變成：如果新藥無效的話，受試者群體中，一年內僅有 5 人中風，你會感到很驚訝嗎？

回顧第 5 章針對公平硬幣的分析，能讓我們更清楚瞭解虛無假設的概念。我們可以利用第 5 章丟硬幣的合理結果表格，推論出硬幣是否公平。我們已經瞭解丟硬幣的次數不同，影響重大，因此受試者人數不同，也會嚴重影響對於結果的判斷。如果我們發現隨機選擇的 100,000 名男性中有 500 人中風，相較於 1,000 人中有 5 人中風，可能會做出不同的判斷。

如果丟一枚硬幣 10,000 次，其中 5,072 次為正面。根據第 5 章的表格（見第 105 頁），5,072 次正面落在丟公平硬幣期望出現的結果範圍內，因此沒有理由否定「硬幣為公平硬幣」這個虛無假設。但如果相同的實驗丟出 5,200 次正面，就並非使用公平硬幣能夠輕易丟出的結果，因此我們應該拒絕「硬幣為公平硬幣」這個虛無假設。5,200 次正面的結果已達到「統計顯著性」（statistically significant）這個重要狀態——是否達到統計顯著性，只能根據統計數據分析得知，不能根據非正式的判斷妄下定論！

事實上，我的描述可以再更精確一些：統計學家已計算出，在硬幣公平的前提下，正面出現次數超過 5,000 次達 200 次以上的結果，在 16,505 回實驗中，只會看到一回。根據這項計算，我們知道，出現 5,200 次正面極不可能是公平硬幣隨機產生的結果，因此我們掌握非常強烈的證據，證明這枚硬幣並不是公平硬幣。

p 值——統計顯著性檢定

1 / 16,505 的機率，相當於 0.006%，這種機率數值通常稱作 p 值（p value）。正式的說法是：p 值代表在虛無假設為真的前提下，出現極端結果的機率。本質上，p 值愈小，代表結果單純因意外而發生的機率愈小，因此更有充分理由拒絕虛無假設。

習慣上，許多人及科學期刊皆認定，任何小於 5% 的 p 值，都足以當作拒絕虛無假設的證據。可是，選擇 5% 當作閾值，某種程度上來說，過於隨意了。實務上直接寫出 p 值，可能是最佳做法。

第 5 章的表格已經列出丟一枚公平硬幣，出現機率為 95% 的結果範圍，這能讓我們決定硬幣是否公平。例如，如果丟一枚硬幣 100 次，發現丟出的正面次數在 40 次到 60 次之外，我們就有足夠理由拒絕「硬幣為公平硬幣」的虛無假設。

回到中風新藥試驗的例子，進行類似計算就會發現，假設新藥毫無效果，而 1,000 人中僅出現 5 人以下中風的機率，大約為 6.6%。因此這初步結果顯示新藥可能真的有效，值得招募更多受試者，進行更大規模的試驗研究。但就科學論文要求的 5% 閾值前提，這項試驗結果並未達到統計顯著性。

此外，仍然必須提醒大家注意一些問題。想像有 1,000 人分別丟公平硬幣 100 次。每 20 人中，約有 19 人會丟出 40 次到 60 次正面。但這代表每 20 人中約有 1 人，總共約 50 人，會丟出不到 40 次或超過 60 次的結果。而這 50 個人，會因此誤以為硬幣並不公平。如果在類似前提下進行臨床試驗，代表我們會誤以為其中 50 種毫無療效的治療方法有效。

幸運的是，統計學家還有其他工具來處理這個問題，現今的臨床試驗愈來愈要求更多強烈的證據。

如同以下兩頁 xkcd 網路漫畫的惡搞故事，錯誤的結論可能會意外通過試驗而發表出來。例如，如果有 1,000 位科學家各自獨立測試超感官知覺（extrasensory perception, ESP）是否存在，其中只要有 50 位科學家的測試結果顯示出統計顯著性、並且公開發表，則單就這些已發表的科學論文來看，就會覺得超感官知覺真的存在。因此為了避免「抽屜問題」（file drawer problem，又稱發表偏差），臨床試驗都必須事先登記後，才能進行。

回想一下朋友令人嚮往的 Instagram 動態，從他們發布的照片來看，每個人的生活都過得無比精采——享受昂貴的雞尾酒、在高檔餐廳用餐、在沙灘欣賞日落。但大家必須知道，朋友並不會分享在家一次吃下六份特價香腸捲的照片。

雷根糖會讓人長出青春痘！
科學家快調查！
但我們在玩麥塊啊！
好吧。

我們發現雷根糖和青春痘不相關
(p >0.05)

問題解決了。
我聽說是某種顏色才會引發青春痘
科學家！
還沒玩到麥塊耶！

我們發現紫色雷根糖和青春痘不相關
(p >0.05)

我們發現棕色雷根糖和青春痘不相關
(p >0.05)

我們發現粉紅色雷根糖和青春痘不相關
(p >0.05)

我們發現藍色雷根糖和青春痘不相關
(p >0.05)

我們發現藍綠色雷根糖和青春痘不相關
(p >0.05)

我們發現鮭紅色雷根糖和青春痘不相關
(p >0.05)

我們發現紅色雷根糖和青春痘不相關
(p >0.05)

我們發現綠松色雷根糖和青春痘不相關
(p >0.05)

我們發現洋紅色雷根糖和青春痘不相關
(p >0.05)

我們發現黃色雷根糖和青春痘不相關
(p >0.05)

我們發現灰色雷根糖和青春痘不相關
(p >0.05)

我們發現茶色雷根糖和青春痘不相關
(p >0.05)

我們發現青色雷根糖和青春痘不相關
(p >0.05)

我們發現綠色雷根糖和青春痘不相關
(p <0.05)
哇！

我們發現粉紫色雷根糖和青春痘不相關
(p >0.05)

我們發現褐色雷根糖和青春痘不相關
(p >0.05)

我們發現丁香紫色雷根糖和青春痘不相關
(p >0.05)

我們發現黑色雷根糖和青春痘不相關
(p >0.05)

我們發現米色雷根糖和青春痘不相關
(p >0.05)

我們發現橘色雷根糖和青春痘不相關
(p >0.05)

新聞
綠色雷根糖會讓人長出青春痘！
95%信心水準
巧合的機率只有5%！
SCIENTISTS

正如同朋友精心挑選而不具代表性的 Instagram 照片，帶給大家關於他們生活的錯誤印象，研究人員也只會挑選部分實驗結果來發表，這可能會誤導人們理解研究觀察到結果的有效程度。

無論是刻意使用欺騙方法或不小心弄錯統計原則，某些研究人員可能會將相同資料，使用各種不同統計方法來測試，試圖在實驗結果根本不存在統計顯著性的情況下，利用隨機因素找出一個能通過統計顯著性檢定的假設。這樣的行為稱為「p 值操縱」（p-hacking），同樣也是科學文獻中的一個潛在問題。

這些問題顯示了，統計方法並非決定事物的完美解方。事實上，由於極端事件確實有時也會純粹隨機發生，因此統計方法天生就帶有一定程度的錯誤。在討論臨床試驗結果時，我們務必要記得有這些潛在問題。

信賴區間

利用中央極限定理得出的推論，不但可以檢定假設是否可能成立，也可以估算感興趣的數值，並且得出這些估算結果的誤差範圍。

舉例來說，假設我們想測量任何一位英國人喜歡小黃瓜的機率，假設此未知機率為 P。我們理論上可以進行一次普查，也就是詢問每位英國人是否愛吃小黃瓜。但普查既花錢又費時，找出機率 P 更務實的方法就是進行民意調查。我們無須詢問所有英國人，只要從全部的英國人當中，隨機抽取一群代表性樣本，然後詢問他們是否愛吃小黃瓜，就行了。

執行這類民意調查，會遭遇某些技術問題，尋找代表性樣本並沒有想像的那麼簡單，我會在第 11 章〈搞懂測量方法〉再回頭討論這個問題。而目前先假設取樣問題能夠解決，如此便能根據大數法則，推論出代表性樣本中，小黃瓜愛好者的比例會十分接近真實機率 P。

從另一個觀點來看，可以解釋為「未知」機率 P 會非常接近樣本中「已知」小黃瓜愛好者的比例。事實上，如果沒有任何其他資訊，機率 P 最合理的猜測，正是樣本的小黃瓜愛好者比例。或許是因為「估計」聽起來比「猜測」還要科學，所以統計學家稱樣本的小黃瓜愛好者比例為機率 P 的點估計（point estimation）。

一般來說，較佳做法是不要只提出機率 P 的點估計。正如同丟 10,000 次公平硬幣，並不期望結果正好是 5,000 次正面，我們也不期望樣本得出的小黃瓜愛好者比例會正好等於機率 P，因此使用點估計來表示機率 P，並不完善。實際上，利用中央極限定理為基礎的論證，便能瞭解調查的不確定性。

如同第 5 章的表格以公平硬幣（P = 50%）為對象來計算，從下一頁的圖可以看到，給定任意機率 P，統計學家都可以使用中央極限定理，計算出期望看到的樣本中，小黃瓜愛好者比例的範圍（這個動作在圖中以「中央極限定理（CLT）」向右的箭頭表示）。此外，我們可以採用另一個觀點，詢問哪些機率 P 符合觀察到的比例（這個動作在圖中以「信賴區間（CI）」向左的箭頭表示）。

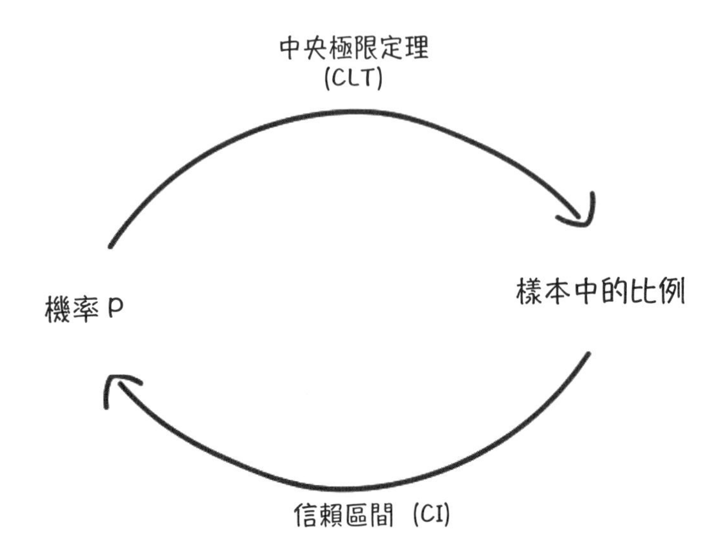

這個過程可以得出，我們合理認為真實機率 P 最可能位在的範圍，稱作「信賴區間」（confidence interval）。準確來說，因為我們尋找的是 20 次當中，有 19 次包含正確答案的範圍，所以稱做 95% 信賴區間。

從右頁的圖可以看到，假設訪問 100 人，並依上述方法計算得出的結果（訪問愈多人，喉片形的區間就會愈薄）。如同第 5 章中的表格，給定任意機率 P 都能計算民意調查期望得出的比例範圍。我們可以給定 x 軸上的任一機率 P，然後在正上方畫出期望比例範圍的垂直區間。將這些垂直區間由左至右堆疊，就能建構出喉片形區間，這可以視作真實機率和調查比例的合理組合區間。喉片形區間的兩個對角區域會相對狹窄。

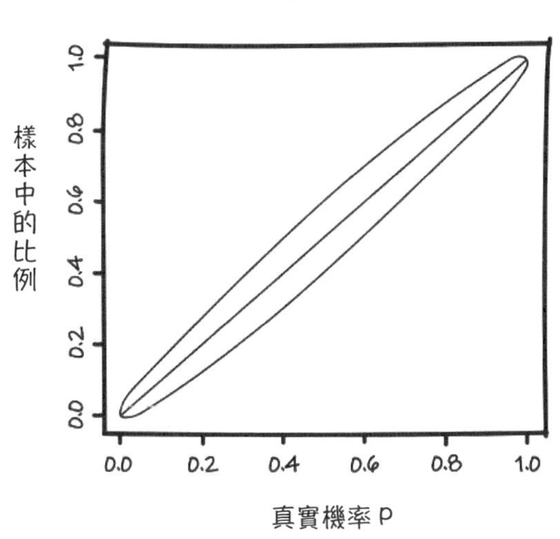

接下來，也可以採取另一個觀點。假設樣本包含 45% 小黃瓜愛好者，則可以從 y 軸 0.45 處畫出一條水平線。這條水平線貫穿的喉片形區間，正好是符合 45% 比例調查結果的機率 P 集合。大致上看來，機率 P 可能的範圍為 45% 兩側的小區間，大概從 35% 到 55%。這就是 100 個英國人的樣本中，小黃瓜愛好者比例的信賴區間。

提供信賴區間、而非僅給出點估計，藉此呈現估計的不確定性，一直都是較佳做法。在英國政治領域，民意調查的標準做法是調查 1,000 人，通常會標記此調查的誤差範圍（margin of error）為 ±3%，誤差範圍正是以上所說的信賴區間。一般來說，民意調查的樣本數愈大，信賴區間的範圍就愈窄。

計算信賴區間的過程往往十分複雜，需要借助專業統計學家幫助。雖說如此，任何優良的科學論文都不會只提供點估計，還會附上信賴區間。

理想情況下，媒體會報導出信賴區間，因此〈最新研究發現45% 的英國人喜歡吃小黃瓜〉的標題，還需要附上信賴區間的範圍，這樣讀者才能夠判斷所報導的數據的可信度。至少新聞報導或大學新聞稿，應該要附上原始研究論文連結，這樣感興趣的讀者才能自行查詢信賴區間。

根據經驗法則，雖然點估計最可能為實際值，但是在信賴區間中的任何數值，都應該合理認為有機會是實際值。如果先前曾經有過相同調查的結果，而那個結果落在目前調查結果的信賴區間內，我們通常會繼續使用過去的結果。例如，若過去的調查發現 40% 的英國人很喜歡吃小黃瓜，則根據最新調查得出的 35% 到 55% 的信賴區間，我們會認為英國小黃瓜愛好者的比例並沒有改變，過去 40% 的結果依然正確。

線性迴歸與相關性

另一種非常好用的統計方法是線性迴歸（linear regression）。線性迴歸可以用來探索兩類資料之間的關係，幫助我們瞭解資料之間是否存在相關性（correlation），也就是其中一類資料的數值提高了，是否會系統性增加或減少另一類資料的數值。

舉例來說，假設我們認為吃甜派會讓人變胖，我們可以從群體中取樣，測量每個樣本的體重，並記錄樣本每週吃多少甜派。接著可以將結果資料畫在圖上，x 軸為所吃的甜派數量，y 軸為個人體重（單位為公斤）。習慣上，想要解釋的量值要放在 y 軸，而用來解釋的量值則放在 x 軸。每位受訪樣本對應到空間中的一個資料點。

我們想要找出所吃甜派數量和體重的關係。其中一個方法是想像兩者之間大致存在線性關係：每週吃的每個甜派，通常會讓個人體重增加固定數值。我們可以找出一條盡可能靠近所有資料點的直線，檢定上述說法的可信程度，這條直線稱為最佳擬合線（best-fit line）。

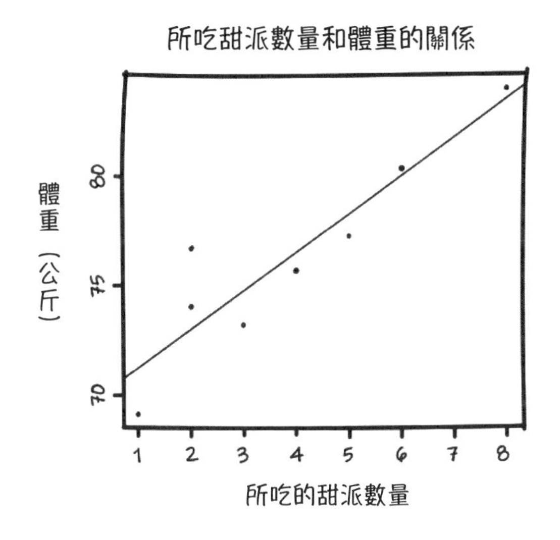

如果所有點都正好落在直線上，反倒讓人覺得十分可疑。正如同第 1 章〈一張好圖勝過千言萬語〉提到的過度擬合，如

此完美，反而不像真實狀況。但我們相信資料點能夠盡可能靠近直線，並且認為偏離直線的狀況可以用隨機波動來解釋。

最佳擬合線正如前一頁的圖所示。從圖中看來，似乎有足夠證據認為上述理論很可能正確無誤。因為最佳擬合線相當接近所有的點，並且有強烈上升趨勢，顯示吃的甜派愈多，體重通常就會愈重。

這條最佳擬合線的詳細計算方法，因為技術層面難度過高，就不在此討論。簡單說，這條直線需要穿過兩個平均值共同對應的點：x 軸每週所吃的甜派數量平均值，以及 y 軸體重平均值，兩者相交的點。在符合上述條件的前提下，再來旋轉直線，讓直線盡可能靠近最多的資料點，就能夠找出最佳可能斜率。由於我們認為這些資料點受到隨機雜訊影響，出現的位置存在某些隨機性，所以並不能將這條線視為絕對準確。事實上可以合理認為，在一定範圍內的斜率，大致上都可以視為符合調查所得的資料。理想上，斜率的信賴區間也能夠計算得出。

回到第 1 章冰麵包的例子，就能夠說明上述論點。還記得雖然冰麵包的例子中，資料看似呈現上升趨勢（見第 19 頁），但如果畫出一條多項式曲線穿過所有資料點（見第 29 頁），可能會導致錯誤的自信，對未來幾週的銷售狀況做出瘋狂預測。相對來說，線性擬合的可信度較高，最佳擬合線不會正好穿過所有資料點，但會非常靠近所有資料點，如右頁的圖。

此外，線性擬合的預測結果也會溫和許多：直線的斜率暗示每週麵包銷售量會增加 2 個，相較於成長近乎瘋狂的多項式曲線

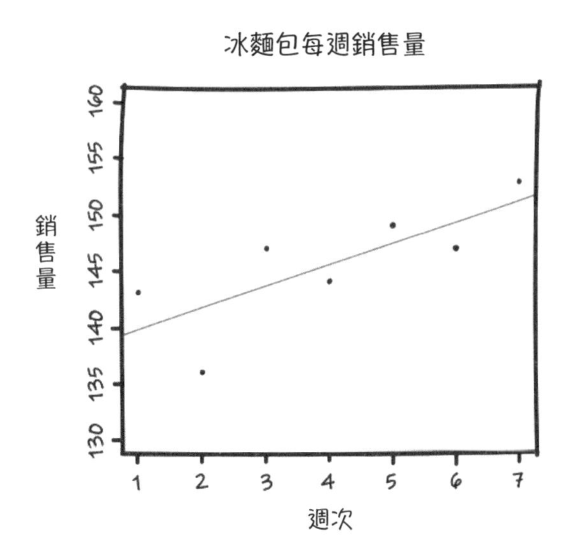

預測，線性擬合預測的趨勢似乎較合理，且能夠持續下去。事實上，我們能夠計算出直線斜率的信賴區間，在 0.1 到 3.7 之間。換句話說，我們並無法排除銷售量幾乎不會成長的可能，因為斜率 0.1 就代表它幾乎是一條水平線。

雖然在甜派和冰麵包這兩個例子中，直線似乎與資料點良好擬合，但在下結論之前，依然有許多需要注意的問題。首先，兩例中的樣本數都很少，分別只有 8 個人和 7 週銷售量。在確定結果之前，我們需要找到更多證據。

第二，大家可能聽過「相關性不是因果關係（causation）」的說法。這些圖僅僅說明了相關性，也就是其中一個數值愈大，則另一個數值也會愈大。理論上，我們可以將甜派圖的兩軸對調，將體重畫在 x 軸上，所吃的甜派數量畫在 y 軸上。直線同樣會靠近所有資料點，但真的能夠合理推論，體重愈重會讓人吃更多甜派嗎？

第三，可能存在一些共同因素，導致兩個變數看似如上述結果般具有相關性。譬如，或許年長者往往比年輕人體重更重，而且年長者同時也較愛吃甜點。理想狀況下，相較於簡單提出這類相關性，我們應當嘗試控制各種因素，例如年齡、社經地位、性別等等，再確認兩個變數之間是否真的存在相關性。

有時，我們可能會想要畫出包含最佳擬合線的圖，藉此暗示某種相關性，但實際的證據卻非常薄弱。例如，我們詢問一些人上個月讀了多少本書，然後將結果畫在圖上，並且找到一條最接近所有點的直線，可能會畫出類似下方的圖。

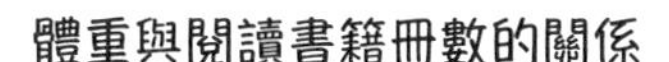

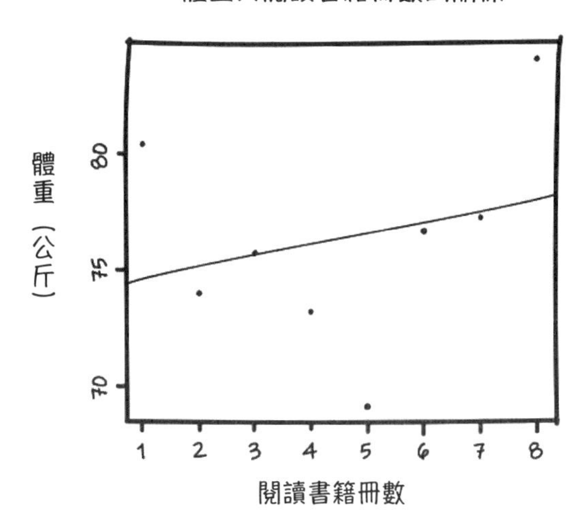

圖中又再次看到某種趨勢：直線向上傾斜，暗示讀愈多書，體重愈重。但值得注意的是，這條直線和許多點相距甚遠，代表相關性非常薄弱。

相關性的強弱，常用 R^2 這個量值來測量，R^2 會落在－1 到 1 之間，代表 x 軸變數能夠解釋 y 軸變數的比例。R^2 距離 0 愈遠，代表相關性愈強。例如在甜派的例子中，R^2 值為 0.84，而冰麵包的例子中，R^2 值為 0.61，證明了這兩個例子都有很密切的相關性。相較之下，讀書的例子中，R^2 值僅有 0.07，顯示讀書與體重之間的相關性非常薄弱。

直線平坦度也是考量相關性強弱的另一種方法。最極端的例子為直線完全水平，對應到讀書和體重的例子，即代表兩者毫無相關。讀書和體重的例子中，統計觀點上並無法排除真實直線就是水平直線。我們應該算出「斜率為 0」這個假設下的 p 值，也就是在閱讀書籍對體重毫無影響下，調查結果能看到上述擬合斜率或更大斜率的機率。

以上三個案例，可以總結為下面這張表格：

範例	R^2	p 值	解讀
甜派問題	0.84	0.14%	強烈相關
冰麵包問題	0.61	3.91%	接近強烈相關
讀書問題	0.07	53%	很可能不相關

請注意，最右側一欄具體解釋了相關程度。較小的 R^2 值和較大的 p 值，都代表相關性較微弱，但並沒有特定閾值可用來定義兩變數之間絕對沒有任何關係。

插值與預測

我們還需要思考其中的一個關鍵點：建構「目前」資料的模型和預測「未來」資料的差異。一般來說，建構目前資料的模型相對簡單、但是應用有限，而預測未來資料相對困難、但也更有價值。

如果給定一組資料點和一條最佳擬合線，應當足以在已知的數值範圍內，找出「插值」（interpolation）。如果我們手上握有每週吃 1 個到 8 個甜派的人的資料，則假設得知某人每週吃 7 個甜派，就可以根據這份資料，預測他的體重。

自然最先出現的想法，就是使用最佳擬合線上的對應值，估計此人體重。但這也只是數學上的抽象概念，我們很清楚並非所有資料點都會正好落在最佳擬合線上。因此，應該要尋找的是信賴區間，信賴區間有足夠高的機率包含真實的體重值。

正如先前的說明，所有資料點的位置都帶有某些隨機性，新加入對象的體重也不例外。因為必須結合新數值與擬合線距離的不確定性、以及擬合線斜率的不確定性，預測的信賴區間可能會比大家期望的還要大一些。雖然無法排除所有不確定性，但是計算出以最佳擬合線數值為中心的可能數值範圍之後，就能夠估算吃 7 個甜派的人的體重。

然而，如果想要估算吃 100 個甜派的人的體重，就會出現兩個問題。第一個問題是：如同前面提到，斜率的估計值本身就已經存在不確定性了。如果是估計靠近已掌握資料中心範圍附近的數值，斜率不確定性的影響相對較小。但如果是估計距離較遠的點，由於直線傾斜角度小小的變動，在距離變長的地方會大幅放大，因此斜率不確定性的影響就會十分明顯。（大家可以想像站在蹺翹板的一端，試圖抬起或壓低蹺翹板，然後觀察翹翹板各個位置的移動距離，就能瞭解上述說法。）此外，這麼大的數值範圍是否都還能符合線性關係，也猶未可知。

第二個問題是：我們需要假設各資料點的隨機性都是以相同方式產生。然而，我們可以合理懷疑這個論點是否成立：我們的模型是根據每週吃 1 個到 8 個甜派的人的研究資料得出的，但我們真的有信心將相同的因子，套用到肥胖程度遠遠超出研究範圍的人身上嗎？

還有一個使用線性迴歸時需要注意的問題是：並非所有資料都可以使用線性關係完美解釋，資料呈現出的統計特性很可能會帶給我們錯誤認知。由統計學家安斯庫姆（Frank Anscombe）於 1973 年發表的安斯庫姆四重奏（Anscombe's quartet）這四組資料，精采呈現出了上述論點。

關鍵在於，即使完全不知道原始資料，理論上也可以計算線性迴歸，得出最佳擬合線。最佳擬合線一定會通過兩個分析數值的平均值，而斜率則由資料的變異數和相關性等性質決定，我們稱這些數字為摘要統計量（summary statistics）。問題在於，不同資料也可能得出相同的摘要統計量，因此會繪製出相同的最佳擬合線。然而，某些資料可能根本不適合使用摘要統計量計算得出的最佳擬合線來描述。

安斯庫姆四重奏正好能說明這個論點。安斯庫姆四重奏包含四組資料，每組都有相同的摘要統計量，因此也會得出相同的最

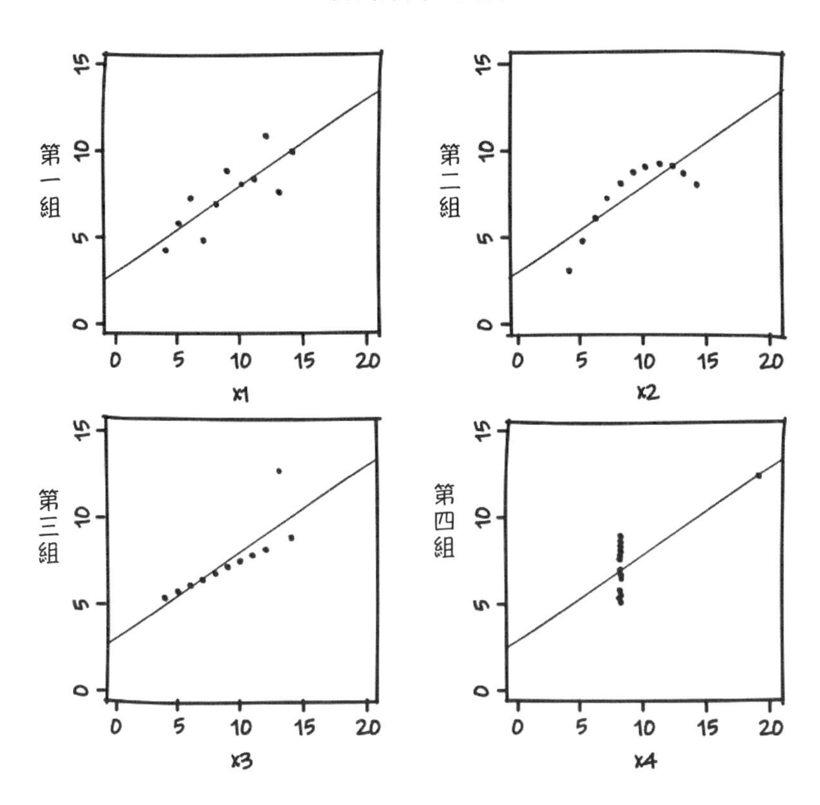

佳擬合線。第一組資料是我們期望看到的數值分布，擬合線可以合理解釋充滿雜訊的資料。

第二組資料並不適合用直線解釋，非常明顯，拋物線（如同第 1 章丟網球的曲線）能夠更清楚解釋這組資料。

第三組資料有個明顯的離群值（outlier），也就是其中一個資料點位在和其他資料點不同的直線上。然而，因為這個資料點和其他資料點差異過大，扭曲了摘要統計量，而讓我們繪製出不恰當的擬合線。實務上，我們會嘗試找出離群值，並進一步研究，確認是否為資料記錄錯誤，或者有其他原因認定這個資料點的表現特別不同。

第四組資料同樣不適合使用線性關係來說明。圖中明顯可以看到第四組資料幾乎所有點都有相同的 x 值，卻有不同的 y 值，擬合線的斜率和位置完全受到位在遙遠右側的一個資料點影響，這個資料點很可能也是因為某些原因而出現的離群值。過度想讓擬合線擬合這個資料點，可能並不恰當。

安斯庫姆四重奏奇怪之處在於，四組資料的最佳擬合線皆有相同的 R^2 值，意味著這些擬合線擁有相同的解釋能力。或許這四條擬合線的解釋能力確實相同，但很明顯，使用其他函數能夠更完美解釋其中幾組資料，例如第二組資料使用拋物線來解釋，或是第三組資料使用移除離群值後擬合的直線來解釋。因此，安斯庫姆四重奏告訴我們，不應食古不化、過度依賴電腦迴歸計算擬合線，而應該先小心檢驗資料後，再做決定，例如先把資料點手繪上去，做初步的觀察。

統計學如何解釋疫情

瞭解以上的知識之後，現在我們可以更容易理解，統計學如何解釋新冠肺炎疫情，以下將以英國疫情為例。順道一提，「統計」（statistics）這個詞彙往往會和「資料」（data）混用。我個人會避免這種狀況，因為資料對我來說，指的是發布的原始數字，而統計則代表利用這些數字分析處理後的產品。但我承認，大部分人並不認為兩者使用上有所分別。

統計學在英國國家統計局發布的每週「感染調查」中，扮演著關鍵角色。感染調查採用的統計方法，類似前面提到的小黃瓜愛好者調查。每週會有一大群人（約 100,000 人）接受新冠肺炎檢測。國家統計局統計檢測呈現陽性的人數後，就能夠估算出新冠肺炎的盛行率（prevalence，即全國感染新冠肺炎人數的百分比）。此外，將大量樣本按照地理區域和年齡等等，分成更小的子群組後，國家統計局也能夠估算特定區域或特定年齡範圍的盛行率。最後，因為結果為每週紀錄，所以也能夠追蹤趨勢，例如總感染人數上升或下降、以及染疫人數變化等等。

國家統計局的資料，對於瞭解疫情擴散狀況，助益甚大。因為採檢的樣本為隨機選擇，足以確信檢測數據具有足夠代表性。相較之下，確診數會嚴重受到檢測量能、以及是否在病毒感染熱區進行檢測的影響。因此，國家統計局的統計結果成為估計盛行率的黃金標準，並且得到媒體廣泛報導。

雖然國家統計局十分謹慎發布盛行率估計值，同時也提供信賴區間，但媒體報導有時並不會提供信賴區間。如同先前所說，信賴區間在瞭解趨勢上不可或缺，真實數值可能合理落在信賴區間中的任何位置。

大家可能會想知道更多關於點估計和信賴區間的例子，請參考以下的統計數據。在 2020 年 6 月 8 日到 21 日期間，國家統計局估計 0.09% 的英格蘭人口已染疫，但給出的信賴區間為 0.04% 到 0.19%，對應人數落在 22,000 人到 104,500 人之間，上下限相差將近 5 倍之多。大致上來說，在這麼低的盛行率下，100,000 人樣本中，預期只會看到 90 人檢測為陽性，因此極小的隨機波動（例如一兩個人檢測方法錯誤），都可能會顯著影響估計值。

相較之下，國家統計局在 2022 年 3 月 27 日到 4 月 2 日期間估計盛行率提升到 7.60%，對應的信賴區間為 7.40% 到 7.79%，對應人數落在 4,070,000 人到 4,284,500 人之間，從相對比例上來看，範圍小了許多。在這麼高的盛行率下，100,000 人樣本中，可能會包含 7,600 人檢測為陽性，因此，少數人檢測錯誤的影響就小了許多。

倫敦帝國理工學院的「社區傳播即時評估」（REACT）中，進行了更詳盡的分析。這項研究利用類似民意調查的方式，在兩週到三週間，研究人員每天會抽樣約 10,000 人進行檢測。藉由每天計算檢測為陽性的人數，「社區傳播即時評估」就能估計出每天的盛行率，並且推論出每天的感染趨勢，藉此便能估算傳染數，用於判斷疫情規模增加或減少的速率。

這又是一個令人印象深刻的分析，並且提供了傳染數估計值的信賴區間。但媒體同樣不一定會完整報導統計數據，這可能會導致奇怪或離譜的數字遭到引用，而且無法讓大眾瞭解到統計數據存在不確定性，結果遠遠不符合期待。

樣本依照區域分成子群組後，會導致每天的樣本數量都非常少，進而提高了不確定性，媒體報導缺失的問題又會更加明顯。例如 2020 年 10 月，許多報紙報導了「社區傳播即時評估」的第六輪期中結果。期中結果估計英格蘭西南地區的傳染數為 2.06，這代表染疫人數可能每 5 天到 6 天就會倍增，十分令人擔憂。然而多數報紙都沒有報導信賴區間，範圍是 0.98（疫情減緩）到 3.79（比 3 月時成長更快）。因為信賴區間如此之大，英格蘭西南地區的調查是否代表任何意義，實在難以下定論。

事實上，「社區傳播即時評估」第六輪期末的結果，證實上述懷疑完全合理。兩週後，最終的估計值發布了，估計的傳染數為 0.95，信賴區間為 0.51 到 1.53。因為傳染數要從超過 2 降到小於 1，需要極大規模的行為變化，這樣的結果意味著可以合理推論，期中發布的真實傳染數應該低於 2.06，而期末發布的真實傳染數則可能高於 0.95。當然，同時看到結果和信賴區間，能提供我們更多相關資料來判斷。

說明了如何在新冠肺炎數字分析中應用信賴區間之後，我想舉一個我親身經歷的例子，說明線性迴歸在新冠肺炎情境下，如何帶來幫助。

這個例子與 2020 年 9 月初，在英格蘭西北地區醫院中的新冠肺炎病人數有關，我會解釋為什麼這些數字讓我擔憂。所有資料皆取自英格蘭公共衛生署（已改名為英國健康安全署，UKHSA）網頁上的珍貴資料。

在第一波疫情中，英格蘭西北地區新冠肺炎病人住院人數在2020年4月13日達到峰值2,890人。到了夏季，隨著封城措施持續發揮作用、以及病人慢慢出院，住院人數穩定下降，約略呈現指數衰減。到了2020年8月26日，住院的新冠肺炎病人數下降到77人，相較於峰值人數來說，已是微乎其微，後來發現這是住院病人數的最低點。

但在這天之後的連續幾天，住院病人數皆緩慢穩定成長，連續幾天的數字分別為：77、85、87、103、102、113、117、112、124、130、133、139、164、166、173。

問題在於這樣的趨勢究竟有多麼需要擔憂。一方面來說，額外增加的總病人數並不多，14天內只多了96名住院病人，相當於每天增加7名病人。如果按照這個速率，需要超過一年，才會達到先前的峰值，這可能意味著根本沒什麼好擔心。

然而，我心中馬上就感到不安，因為上述分析是建立在線性成長的前提下（如同太空探測船航行的距離般成長），但就像我在第3章〈對數刻度下的指數成長〉說明的，疫情擴散的自然模式為指數成長或指數衰減（如同銀行存款或貸款金額般增加或減少）。在指數成長或指數衰減之下，情況似乎會比想像的更令人憂心，因為住院病人數大約只花了12天就倍增了。從這個角度看來，要回到先前的峰值，需要住院病人數成長37倍，相當於只需倍增約略超過5次，代表只要兩個月，就很可能超過先前的峰值。但因為每天的住院人數存在隨機性，只是簡單在兩點間畫線後進行推論，並非明智做法。較佳的計算方法為採用前面提到的線性迴歸，而指數行為的自然模型告訴我們，要在對數刻度上繪製資料，並且找出這張圖上的最佳擬合線。

初步分析結果如下圖所示。雖然各資料點並沒有正好落在直線上，但看起來已經有足夠強烈的相關性，必須要認真看待指數成長的可能。

同一張圖更令人擔憂的版本如右頁。右頁的圖可以證明上述分析，也就是如果指數成長未受干預，以此速率成長下去，則在 2020 年 10 月底，就會超過第一波疫情住院人數峰值。指數成長初始階段時，雖然我已經在推特和《旁觀者》（*The Spectator*）雜

2020 年英格蘭西北地區新冠肺炎住院人數（線性刻度）

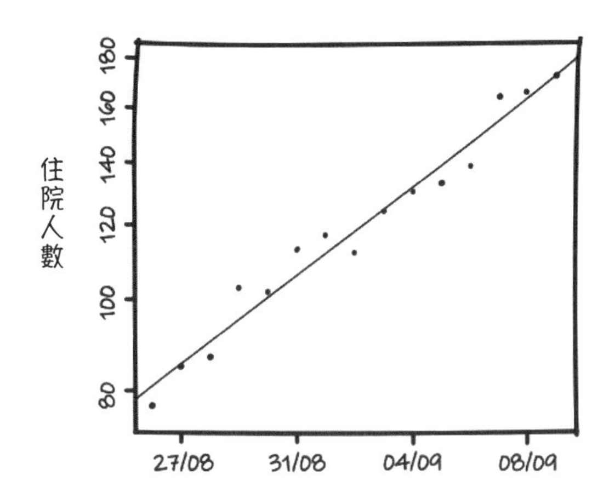

誌提出警告，但當時提出住院病人會達到 3,000 人左右，感覺完全就像杞人憂天。正如先前提到，要推測長期線性趨勢，需要注意許多問題，包含人們可能改變行為、住院收治標準可能改變，以及政府可能會採取對抗病毒擴散的限制措施等等。

事實上，我所預測的趨勢持續了很長一段時間（見下一頁的圖），雖然在 10 月底時，曲線變得稍微平緩，但在 11 月 9 日，住院人數就超過了先前的住院數字。

當然這有可能只是我運氣好，剛好猜中。預測指數成長但最終沒有發生的知名例子也不少，包含馬爾薩斯（Thomas Malthus）的人口成長模型，或是《辛普森家庭》動畫影集中的迪斯可．斯圖（Disco Stu）對未來迪斯可音樂流行狀況的樂觀推論。

2020 年英格蘭西北地區新冠肺炎住院人數（對數刻度）

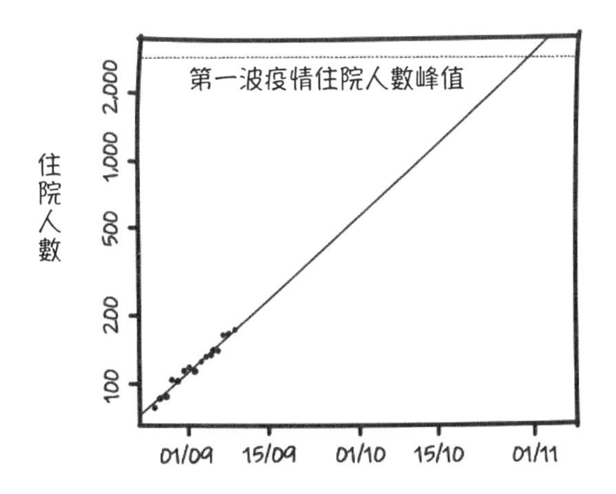

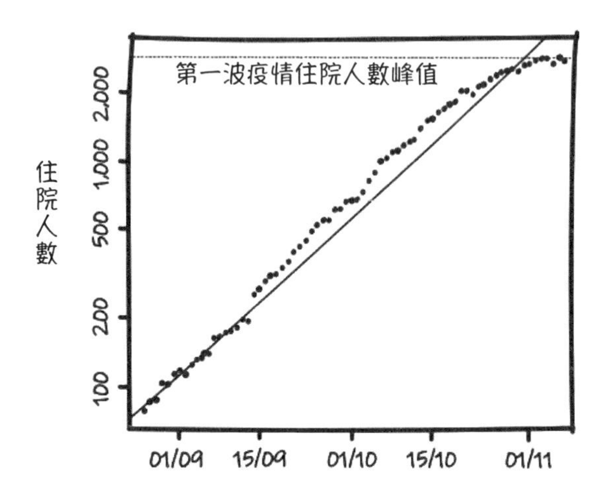

然而，考慮到指數成長的嚴重風險，以及第 3 章〈對數刻度下的指數成長〉提到，疫情行為的預設模型應為指數成長模型，我們應當謹慎看待住院人數指數成長的可能。而在對數刻度圖上繪製線性迴歸資料，依然是研究住院人數指數成長的最佳方法。

結論

我介紹了許多統計術語，包含虛無假設、p 值、統計顯著性和信賴區間等等。這些統計術語可能有點嚇人，不過基本上這些資訊都是為了能對世界上發生的一切，做出更明智的決策。

我們無須依靠直覺決定新藥是否更有效，而可以利用隨機變數的概念，確認試驗結果是否為偶然情況下很可能出現的結果。

這裡同樣可以採用視覺化手段，利用線性迴歸來思考某些統計問題，也就是繪製一條穿過資料的直線，並且思考直線代表的意義：直線擬合狀況是否良好？有沒有可能直線的斜率為 0 ？選擇畫一條直線來擬合這些資料，是否合理？

課後作業

為了更深入瞭解本章的概念，我很鼓勵大家同樣可去尋找公開發布的圖表，特別是找出繪有一條直線穿過資料的圖。這條直線想要告訴大家什麼事呢？這條直線是否恰當擬合了所有數據，或者過於受到其中一兩個資料點的影響呢？

此外，下次大家在新聞中看到臨床試驗結果報告時，或許可以更深入探討新聞背後的統計數據。如果報導中的新藥看起來療效更好，大家能否找到原始的研究論文呢？大學發布的新聞中，可能會提供原始論文來源。如果真的能找到原始論文，以下這些問題可能值得大家思考：樣本有多大？ p 值是驚人的 0.01% 這樣小的數字，還是受到隨機因素的影響和發表偏差，勉強達到統計顯著性的 4.8% ？從統計數據看來，新藥物究竟多麼有效呢？

第 7 章

條件機率與貝氏定理

相依性至關重要

2022 年 6 月 4 日，記者兼評判家托比．揚（Toby Young）在推特上推文表示：「自從冰島接種疫苗開始，91% 因新冠肺炎死亡的病人接種過疫苗，但冰島卻只有 90% 的人接種過疫苗。年齡可能是新冠肺炎染疫致死率的關鍵因素。」令人驚訝的是，托比．楊說得一點都沒錯。年齡確實十分重要，但從數學觀點來看，事件相依性也同樣重要。瞭解相依性（dependence）存在情境下的機率問題的能力，對瞭解現代世界來說至關重要。

舉個例子，假設你想買一臺二手車。在評估某臺二手車是否會故障時，考慮路上車輛的平均耐用程度毫無意義。你應該要考慮品牌、型號、車齡和里程數等等資訊，由考慮所有車輛縮小到特定一種車輛。汽車保險公司也會採用相同方式，根據你的年齡和過去理賠紀錄，來評估你明年發生意外的機率，而非根據整體人群來評估。

事實上，瞭解事件相依性，能夠幫助大家區分疫苗的資訊真假。疫苗真的能夠拯救性命。英國的資料中可以找到類似托比．揚說法的另一種版本，例如，有一篇部落格文章聲稱「最近 80% 因新冠肺炎死亡的人接種過疫苗，相較之下，僅有 72% 的人接種過疫苗。從資料上看來，接種疫苗毫無幫助！」關鍵點在於，人們是否選擇接種疫苗和其染疫風險，這兩件事並非獨立。我們在第 2 章〈在合理範圍內估算〉已經瞭解到，新冠肺炎致死率受年齡影響十分巨大，年長者染疫後死亡率明顯高出年輕人很多。

所以許多國家的疫苗接種計畫都以年齡做區分，優先提供年長者接種疫苗。

由於英國大約有 97% 超過八十歲以上的年長者已接種多劑疫苗，因此，必須從對立觀點，才能正確思考這篇部落格文章。正確觀點為：只有 3% 的最高風險族群沒有接種疫苗，然而卻有 20% 新冠肺炎死亡病人沒有接種疫苗。概略看來，顯示了未接種疫苗者的風險可能高出接種疫苗者 6 倍至 7 倍。當然，更完整的分析需要提供更詳細的內容，並且比較各年齡層接種疫苗的比例和死亡率，以及分別檢視接種疫苗和未接種疫苗者的死亡率。無論如何，那篇部落格文章聲稱的內容明顯並不正確。

一般來說，我們會根據現有資訊做出決策。例如，假設我收到一封電子郵件：「我掌握到消息，X 公司的股票值得購買。」我是否會購買 X 公司的股票，取決於郵件來源。郵件是來自根本不認識的人傳送的詐騙垃圾郵件，或者來自一位投資屢屢成功、值得信任的朋友傳給我的內線消息，可能就會讓我做出不同的決策。「郵件寄件者是誰」這個先驗資訊（prior information），會影響我對郵件的信任程度。

事實上，我能否看到這封郵件，也取決於類似的演算法數學決策。垃圾郵件篩選器會根據電子郵件的特徵評分，例如主旨是否全為大寫字母、單字拼寫是否正確等等，決定哪些郵件值得信任，哪些又應該放入垃圾郵件匣。郵件評分是根據「條件機率」（conditional probability）計算得出，條件機率是驅動現代人工智慧的核心數學概念，在現代世界中，占據不可或缺的地位。

很重要的是，條件機率也能夠讓我們更清楚瞭解醫療檢測。由於我們認為沒有任何一項檢測完美無誤，因此如果沒有類似上述例子的先驗資訊，例如檢測準確度和疾病盛行率，就無法解讀任何檢測結果。本章中，我將說明如何利用條件機率，解讀檢測結果。

條件機率難以理解，但卻十分重要，甚至有些得出的結果非常不符合直覺。本章討論的內容與前幾章一樣都涉及機率，但若要瞭解疫苗、垃圾郵件和醫療檢測，則需要跳脫丟硬幣等等簡化情境的獨立實驗，並且深入探討各事件會互相影響的狀況。

條件機率

考慮以下的例子：學校中有 100 個小孩，其中 22 人同時喜歡足球和洋芋片、6 人喜歡足球但不喜歡洋芋片、40 人喜歡洋芋片但不喜歡足球，以及 32 人足球和洋芋片都不喜歡。將上述狀況填入表格，得到：

	喜歡足球	不喜歡足球	
喜歡洋芋片	22	40	62
不喜歡洋芋片	6	32	38
	28	72	100

只要分別將表格中的同一欄和同一列的數字加總，就可以算出總共有 22 + 6 = 28 個小孩喜歡足球，22 + 40 = 62 個小孩喜歡洋芋片。這代表隨機選擇一個小孩，喜歡足球的機率為 28 / 100 = 28%。

但假設我們是從喜歡洋芋片的小孩中隨機選擇，則選出的小孩同時也喜歡足球的機率是多少呢？這時就需要觀察表格的特定部分。根據表格資訊，選出的小孩會是喜歡洋芋片的 62 人當中的一個，因此只需要考慮第一列的小孩。因為第一列的小孩中，有 22 人同時也喜歡足球。隨機選擇一個喜歡吃洋芋片的小孩，而他同時也喜歡足球的機率，已經不是 28%，而是 22 / 62，約為 35%。

怎麼回事？事實上小孩喜歡洋芋片和喜歡足球，兩種事件之間並非獨立。得知其中一項資訊，會改變對整個狀況的看法，並且迫使我們重新評估機率。數學家的正式說法為：在喜歡洋芋片的條件下，喜歡足球的機率為 35%（或者也可說：如果小孩喜歡洋芋片，喜歡足球的機率為 35%）。而我們可以主張：喜歡洋芋片和喜歡足球為正相關事件，理由是喜歡洋芋片的小孩喜歡足球的機率更大（35% ＞ 28%）。

從表格觀察的話，大家可以想像如果已知小孩喜歡洋芋片，就能夠忽略「不喜歡洋芋片」那一列的數字，因此可以將小孩人數視為 62 人，而非 100 人。62 個小孩位在「喜歡洋芋片」這一列中，而計算條件機率的方法，就是將該列中喜歡足球的人數除以該列的總人數，因此要將「喜歡洋芋片且喜歡足球」的人數，除以「喜歡洋芋片」的總人數。

值得注意的是，若換一種方式詢問：「如果小孩喜歡足球，請問同時也喜歡洋芋片的機率是多少？」則得到的答案並不會相同。因為前提資訊告訴我們，抽選的小孩是 28 個喜歡足球的小孩當中的一個，因此抽選的小孩喜歡洋芋片的機率不是 28% 或 35%，而是 22 / 28，約為 79%。

一般來說，不同前提下的條件機率，並不會相同。

貝氏定理

如果使用更數學的語言，則會說在這種情況下，「B 發生條件下發生 A 的機率」和「A 發生條件下發生 B 的機率」並不相同。以足球和洋芋片的例子來說，A 代表「小孩喜歡足球」，而 B 代表「小孩喜歡洋芋片」。但有個看似簡單、卻又無比強大的統計結果 —— 貝氏定理（Bayes' theorem）告訴我們：上述兩個條件機率之間，存在某種關係。貝氏定理的名稱源自十八世紀發現該定理的英國牧師貝葉斯（Thomas Bayes）的姓氏。

注意觀察上述兩個機率：22 / 62 與 22 / 28，會發現兩者的分子相同，這是發現兩個機率關係最簡單的方法。機率的分子相同並非巧合，這是因為兩個算式中都包含了相同數字，即「同時喜歡足球和洋芋片的小孩人數」。因此，如果要用其中一個機率計算出另一個機率，僅需要知道兩個機率的分母即可。而這兩個分母分別是「喜歡洋芋片的總人數」和「喜歡足球的總人數」，要進行計算並不困難。換句話說，貝氏定理能夠讓我們利用已知「B 發生條件下發生 A 的機率」，推算出「A 發生條件下發生 B 的機率」，反之亦然。

這具有很重大的意義，例如我們可以將 A 看作「已經觀察到的資料」，而 B 看作「假設為真」。由於假設決定了資料是如何產生的，所以我們通常知道「B 發生條件下發生 A 的機率」，而運用貝氏定理，就能推算出更感興趣的反向含意，亦即「假設是否為真」。

舉例來說，回到丟硬幣問題，我們可以將事件 A 看作「丟 10,000 次硬幣出現 5,200 次正面」，並將事件 B 看作「硬幣為公平硬幣」（我們對於硬幣真正公平的正反面出現比例，做了一些假設）。如同第 5 章〈隨機散布的資料〉所述，計算出「B 發生條件下發生 A 的機率」十分簡單，因此使用貝氏定理，就能夠推算出我們更感興趣的結果，也就是「A 發生條件下發生 B 的機率」，即「丟 10,000 次硬幣出現 5,200 次正面時，硬幣為公平硬幣的機率」。

統計學上有一支建構在貝氏定理上的大分支，稱作貝氏推論（Bayesian inference）。貝氏推論構成了現代機器學習演算法（有時會樂觀稱為人工智慧）的基礎。機器學習演算法驅動了 Siri 的語音辨識、手機自動依主題分類相片，甚至未來某一天，還能操控自駕車。我們同樣可以使用資料和假設來思考，將事件 A 看作「收到的聲音」，而事件 B 看作「使用者正在說『魚』」。首先需要蒐集一大筆訓練資料，也就是許多人說「魚」的資料，以便得知「使用者在說『魚』時，聽到特定聲音的機率」。然後同樣可以利用貝氏定理反向推論，推算出「麥克風收到特定聲音時，使用者說的是『魚』的機率」。

以上是這些演算法運作方式的簡化說明，並沒有提到背後運算能力和工程實作的重大進展。但已經足以讓大家簡單瞭解，在你對著手機說話時，手機內部發生了什麼事。我會在第 8 章〈發生比與成長曲線〉回頭討論貝氏定理的更多意義。

重新建構機率表格

從剛才的說明中可以發現，「B 發生條件下發生 A 的機率」可以想成「A 和 B 都發生的機率」除以「B 發生的機率」，例如「B 發生條件下發生 A 的機率」22 / 62，等於「A 和 B 都發生的機率」22 / 100 除以「B 發生的機率」62 / 100。

重新整理公式後，可以得到「A 和 B 都發生的機率」，等於「B 發生條件下發生 A 的機率」乘以「B 發生的機率」。例如，「A 和 B 都發生的機率」22 / 100，等於「B 發生條件下發生 A 的機率」22 / 62 乘以「B 發生的機率」62 / 100。

通常，資訊都會以「B 發生條件下發生 A 的機率」以及「B 發生的機率」的形式提供，而這些公式就可以讓我們重新建構類似前面的表格。

例如，假設有一間學生人數 1,000 名的學校，包含 3/4 理學院學生和 1/4 文學院學生。如果我告訴大家今天 1/5 理學院學生缺席、1/2 文學院學生缺席，這就是一種條件機率的描述，可以改寫為「如果一名學生是理學院學生，他缺席的機率為……」。利用這資訊就可以推算出，全部有多少學生缺席，以及缺席學生中有多少比例為理學院學生。

首先從整體數字下手，推算出共有 750 名理學院學生和 250 名文學院學生，可以寫到表格裡最右欄的加總格。接下來，需要將理學院學生分成兩組，分別占 1/5 和 4/5，於是推算出第一列的數值為 150 和 600；並將文學院學生分為兩組，分別為第二列的 125 和 125。最後，將欄的數值加總，就能得出全部有 275 名學生缺席。

	缺席	出席	
理學院學生	150	600	750
文學院學生	125	125	250
	275	725	1,000

利用表格直接計算或使用貝氏定理，都可以推算出理學院缺席學生占缺席人數的比例為 150 / 275，即 6/11，約為 55%。這類型的計算相對簡單，而且說明了我們可以結合不同機率資訊，計算出更感興趣問題的答案。此外，我們也可以利用次頁的網格示意圖，視覺化呈現機率，藉此瞭解上述計算。

首先，按照理學院和文學院學生比例，劃分網格各欄：由於理學院學生占了 3/4，因此將左邊 3 欄用來代表理學院學生、最右邊 1 欄代表文學院學生。再來，將兩組欄內分別塗黑前述缺席比例，代表缺席的學生。1/5 的理學院學生缺席，因此左三欄需要塗黑每一欄 10 個格子中的 2 個；1/2 的文學院學生缺席，因此最右欄需要塗黑 10 個格子中的 5 個。

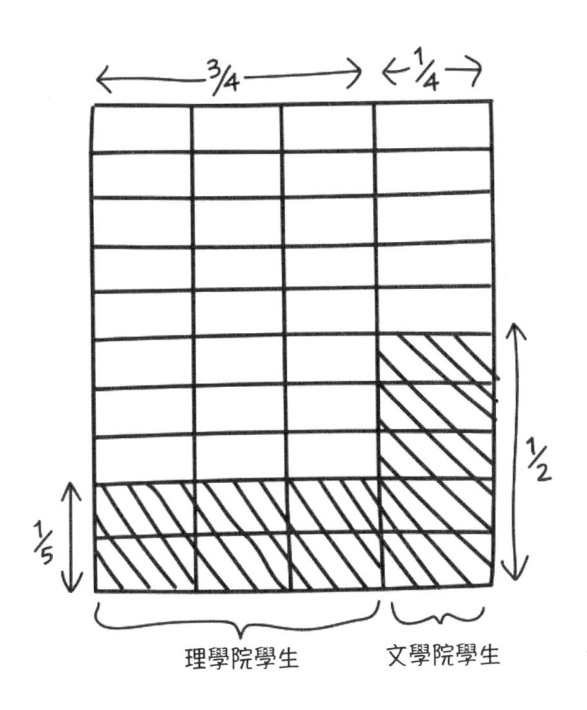

雖然利用貝氏定理就能回答「缺席學生中，有多少比例為理學院學生？」，但是我們現在也可以利用網格來目測，進行相同計算。因為只考慮缺席的學生，所以我們可以聚焦在塗黑的格子上，因此問題其實就是「左三欄中塗黑的格子占全部塗黑的格子多少比例？」簡單計算可以得到，共有 11 個塗黑的格子，其中 6 個位於左三欄，因此會得到與貝氏定理計算結果相同的答案 6/11。

視覺化方法在一般情境下都適用，包含更複雜的多項事件，例如同時包含理學院、文學院和社會科學院學生。由於我們只關心塗黑格子的比例，因此網格的欄數和列數可以自由調整。只要使用資料提供的比例處理網格，就算將網格分為 20 列和 12 欄，也沒問題，依然會得出 6/11 這個結果。

事實上，也可以完全不畫出方格，只要簡單畫一個長方形，然後劃分出資料提供的比例，重點在於劃分出的面積比例。大家可以自己試試看。

損失不對稱

大家可能會注意到上述分析中，我們並無法確定，隨機選擇的缺席學生是來自理學院還是文學院。這類貝氏方法最多就只能提供機率，讓我們根據機率，盡可能猜測對應狀況。在不確定性存在下，這是我們最終能期待得到的最佳結果。

無論如何，思考如何能夠正確猜測，是一件很有意義的事。考慮一個簡單的丟硬幣賽局，安妮丟了一枚硬幣好幾次，比爾必須猜測每次丟出的結果。每次丟完硬幣後，如果比爾猜測正確，安妮會給他 1 英鎊，如果猜測錯誤，則比爾必須給安妮 1 英鎊。顯然比爾在這個賽局中，沒有任何特別有效的策略。如同先前提到，連續丟硬幣的結果均勻且獨立，意味著比爾只能瞎猜。長期下來，可預期比爾會猜對一半，因此大概不會有輸贏。

以更標準的博弈術語來描述，即為：比爾每次猜測押注 1 英鎊，猜錯會輸掉賭金，猜對則會退還 1 英鎊賭金，外加額外付給他 1 英鎊。這種狀況通常稱為同額對賭（betting at evens）。由於比爾長期下來預期沒輸沒贏，因此這是一場公平賽局。實際上，博弈公司或賭場不太可能像安妮一樣，提供這麼好的賠率，而比爾將會期望慢慢輸掉賭金。我會在第 8 章〈發生比與成長曲線〉說明，博弈賠率如何提供我們關於機率的洞見。

但是這個賽局某方面來說有些簡化，無論猜正面或反面，都有相同機率損失 1 英鎊，無論猜哪面都無法減少期望輸掉的錢。我們會說這些事件相關的損失（loss）為對稱（symmetric）。然而在疫情的例子中，輕易就可找到兩種不同錯誤造成的後果是不同的，因此損失也並非對稱。

舉例來說，如果 PCR 檢測或快篩檢測誤將健康者診斷為染疫者，則這些人會被迫隔離一段時間，可能會損失收入。另一方面，如果將染疫者誤診為健康者，則染疫者可能會繼續傳染給更多人。這兩種狀況的後果並不相等，而在經濟和健康風險之間尋找平衡時，也不見得能明顯看出何者負面影響較大。事實上，如果過分擔心其中一種狀況帶來的後果，就可能導致對另一種狀況的認定過於嚴格，例如，盡可能不將任何人診斷為陽性，或者盡可能將所有人診斷為陽性。

另一個損失不對稱狀況，發生在建構醫療照護資源模型時。如果我們認為病床需求很低，但實際上需求卻很高，則病床供給不足問題，就會造成許多病人無法接受治療，很可能引發醫療服務系統嚴重崩潰。另一方面，如果我們認為病床需求很高，但實際上並非如此，則可能會大量投資在事後看來完全沒有必要的醫療資源，例如，英國緊急建造的南丁格爾醫院、以及其中配備的醫療人力和資源。

當然，投資非必要醫療資源所費不貲，但對我而言，「南丁格爾醫院從來沒有啟用過，因此用來興建的經費全部浪費了」的論調，似乎是沒有搞清楚兩種決策風險本質上就不對稱，醫療系統崩潰可比損失經費嚴重多了。當然，我們希望預測足夠準確，不要每次總是高估或低估醫療需求。

敏感度與特異度

疫情相關的統計話題中，引起最多懷疑和誤解的就是偽陽性檢測結果。疫情出現的前幾個月，新冠肺炎幾乎都是採用 PCR 檢測，PCR 檢測擴增 DNA 檢體，然後尋找與新冠肺炎相關的基因物質。雖然 PCR 檢測本身並非完美，但是社會大眾對於檢測誤差和盛行率問題的誤解，才是導致 2020 年夏季「確診流行」誤解的最大原因。由於死亡案例要一段時間後才會開始增加，因此大家會認為，雖然確診案例不斷增加，但問題並不嚴重。

其實，檢測不準確的問題並非只有在檢測新冠肺炎時，才會發生。大部分西方國家的人到了一定年紀，就會定期接受癌症篩檢。癌症篩檢也並非完美，有可能沒有檢測出某些已經罹患癌症的人，或者錯誤檢測出健康的人患有癌症。

事實上，這兩種錯誤結果的控制必須有所取捨。簡單來說，我們可以採用以下這一種激進的政策：以嚴格態度處理篩檢，並且將所有可疑的掃描結果都當作陽性。當然也可以採用另一種更冷靜的政策：只有在完全確定癌症存在時，才會將檢測結果視為陽性。而我們可以設想出一系列檢測「敏感度」（sensitivity）高低各不同的可能策略。敏感度指的是將檢測結果視為陽性，所需達到的閾值。

很顯然，所採用的敏感度會影響到整體結果。此外，疾病盛行率和個人風險因素也同樣會對整體結果造成影響，例如，如果有某位年輕人有某種特定癌症的家族病史，且已知有該癌症的遺傳因子，則會建議他在相較於一般人更低的年齡時，就進行特定癌症的篩檢。

檢測並沒有簡單的正確做法，有很多困難的取捨需要考量。如果錯失早期診斷出癌症的機會，病人錯失治療良機，就會造成嚴重健康問題。但如果錯誤告知許多受檢者，他們的癌症篩檢呈現陽性，同樣會帶給受檢者不必要的困擾。將許多疑似患有癌症的受檢者列入檢測等候名單，甚至進行檢體檢測的話，雖然檢測本身造成的風險很小，但卻會破壞大家對整體檢測系統的信心。

此外，錯誤檢測結果的影響，還會因為疾病類型不同而有所差異：如果患有癌症的病人，錯誤接收到完全健康的檢測結果，只會對他的個人健康造成影響；但如果患有傳染性疾病的病人，同樣接收到健康的檢測結果，可能會導致他們放心外出，從事高風險行為，進而傳染給更多人。

無論如何，瞭解了條件機率和損失不對稱之後，就能夠開始探討醫學檢測特性，並且評估偽陽性和偽陰性這類錯誤。任何檢測都有兩個關鍵特性，分別為「特異度」（specificity）和「敏感度」，兩者都使用條件機率來定義。

特異度是用來測量「沒有染疫的人檢測結果正確」的機率。特異度提供了沒有染疫的人檢測為陰性的比例，由於這些人的檢測結果理應呈現陰性，因此特異度又稱為真陰性率。根據以上說法，真陰性率可以定義為受檢者身體健康的條件下，檢測出陰性結果的機率。而沒有染疫的人檢測出陽性，則稱為偽陽性。

敏感度是用來測量「真的染疫的人檢測結果正確」的機率。敏感度提供了真的染疫的人檢測為陽性的比例，由於這些人的檢測結果理應呈現陽性，因此敏感度又稱為真陽性率。根據以上說法，真陽性率可以定義為受檢者已經染疫的條件下，檢測出陽性結果的機率。而真的染疫的人檢測出陰性，則稱為偽陰性。

	已染疫	未染疫
檢測為陰性	偽陰性	真陰性
檢測為陽性	真陽性	偽陽性

由於特異度和敏感度都代表檢測成功的機率，我們當然希望兩者都愈大愈好。使用一種非常無腦的方法，就能最佳化兩者其中之一：如果某種檢測法根本從來不檢驗任何受檢者，就聲稱受

檢者身體健康，毫無疑問這檢測法會達到 100% 的特異度（所有健康的人檢測結果皆正確），但這樣的檢測敏感度為 0%（所有染疫的人檢測結果皆錯誤）。當然也可以產生完全相反的結果，聲稱所有受檢者皆染疫，就能得到 0% 特異度和 100% 敏感度的結果。事實上，丟一枚硬幣決定結果為陽性或陰性，則特異度和敏感度都會是 50%。

所以，檢測必須同時兼顧特異度和敏感度才合理。此外，調整檢測時必須有所取捨，很可能必須以降低特異度為代價，才能提高檢測敏感度，也就是更努力尋找染疫證據的同時，也會有更高機率受到偽陽性的誤導，反之亦然。

大家可能很快想到，應該要有某種測量整體準確度的方法，也就是能夠代表隨機選擇的人有高機率正確診斷的指標。然而，由於疾病盛行率一般來說都非常低，因此整體準確度並無法用來代表檢測好壞程度。假設只有 1% 的人染疫，則無腦的「從來不檢驗任何受檢者，就聲稱受檢者身體健康」方法，在這種情況下準確度會高達 99%。

是否普篩，要看疾病盛行率

接下來我們就可以分析，用來檢測新冠肺炎的 PCR 檢測的表現。只要能夠得知敏感度、特異度和盛行率，接下來提到的所有計算方法，同樣也能夠使用在其他醫療檢測上。但為了讓討論更具體，我會聚焦在新冠肺炎檢測上。

英國國家統計局估計，目前 PCR 檢測敏感度為 85% 到 98%，主要錯誤來自於染疫者未正確進行棉棒採檢。特異度高低頗具爭議，不過國家統計局指出，根據 2020 夏季期間的「感染調查」觀察到十分低比例的陽性結果，認為特異度至少高達 99.9%——如果只有 0.1% 的調查檢測為陽性，就算全部的人都沒有染疫，偽陽性率會是 0.1 %，而特異度則會是 99.9%。

整體來說，我們會發現 PCR 檢測無論敏感度或特異度，都非常準確。然而，因為疾病的低盛行率，會導致許多問題出現。由於特異度和敏感度皆為條件機率，因此仿造前述理學院和文學院學生的例子來建構結果表格，就能更清楚瞭解這些問題。我們可以採用國家統計局提供的數據範圍附近較悲觀的數字，例如敏感度 80% 和特異度 99.5%。

如同理學院學生和文學院學生的例子，但還有另一個數字需要取得：疾病盛行率。為了能具體討論，先將盛行率視為 1%，並且設想檢測了 1,000 名隨機選擇的受檢者，因此預期其中會有約 10 人染疫。敏感度告訴我們，會有 80% 染疫者檢測為陽性，也就是說，這 10 名染疫者的檢測結果會有 8 人是陽性和 2 人是陰性。相同方法可預期其中 990 人並未染疫，而根據特異度，其中 99.5% 的人，約 985 人（四捨五入到個位數），檢測結果會呈現陰性。也就是說，受檢者中會有 5 人呈現偽陽性。我們將結果填入次頁的表格。

與之前相同，使用貝氏定理或僅僅觀察表格，就能回答以下關鍵問題：檢測為陽性的受檢者中，實際已染疫的機率是多少？

	檢測為陽性	檢測為陰性	
已染疫	8	2	10
未染疫	5	985	990
	13	987	1,000

13 個陽性檢測結果中，有 8 個來自於已染疫的受檢者，因此陽性檢測結果準確率為 62%，但還有 38% 檢測結果錯誤。感覺這樣的結果出乎意料的糟糕，特異度和敏感度皆十分高的黃金標準 PCR 檢測，似乎最終得出的陽性檢測結果，並無法讓我們十足信任。上述結果的原因出在低盛行率。因為染疫者很少，因此真陽性受檢者非常少。就算檢測的敏感度為 100%，結果仍然會是 10 個真陽性和 5 個偽陽性，等於有 33% 的陽性檢測結果是錯誤的。這代表就算是像 PCR 如此準確的檢測方法，使用在低盛行率的大規模篩檢上，還是會出問題。

事實上，在疫情期間，PCR 檢測並不會這樣使用。大多數的狀況下，PCR 檢測只會使用在出現症狀或已知接觸過其他染疫者的人身上。我們同樣可以使用貝氏定理，觀察上述前提如何影響計算結果。我們同樣假設群體中 1% 的人感染了新冠肺炎，其中一半染疫者出現發燒和咳嗽等症狀。當然，因為無論何時都可能會有一定比例，例如 5% 未染疫者，因其他不相干的疾病而出現相同症狀，所以我們並無法單靠這些症狀，診斷出新冠肺炎。但仍然可以使用這些數字，進行類似前述的計算：

	有症狀	無症狀	
已染疫	5	5	10
未染疫	50	940	990
	55	945	1,000

關鍵步驟為觀察標示「有症狀」的那一欄，表格顯示有症狀的人當中，每 11 人會有 1 人（相當於 9%）感染新冠肺炎。這個資訊看起來沒什麼用，但實際上卻頗具意義。沒有任何醫師能僅憑這些症狀，就診斷出新冠肺炎，但出現症狀的人感染新冠肺炎的機率，相較於原本隨機選擇的人，已從 1% 提升到 9%。因此在等待檢測時，有充分理由要求出現症狀的疑似染疫者自我隔離。

相較於原本 1,000 名受檢者中僅有 10 名染疫者，如果僅提供出現症狀的人進行 PCR 檢測，則會期望每 1,000 名受檢者中有 90 名染疫者（也就是 1,000 的 9%）。接下來可以重新計算，改寫左頁的檢測表格，新表格如下：

	檢測為陽性	檢測為陰性	
已染疫	72	18	90
未染疫	4.5	905.5	910
	76.5	923.5	1,000

現在檢測正確的機率好多了。76.5 個檢測為陽性的結果中，有 72 個是由感染新冠肺炎的人產生。這代表 PCR 檢測結果為陽性的人當中，94% 都確實染疫了。

這樣看來，似乎大家不斷強調的偽陽性問題，實際上是過度擔憂了。相較於隨機篩檢，限制高染疫風險的人，才能使用 PCR 檢測，可以讓未染疫者出現陽性檢測結果的比例降到非常低。

利用上述的計算結果，就能設計出實用的檢測方案。例如 2021 年 3 月開始，英國鼓勵所有中小學生進行「側流抗原檢測」（lateral flow test），這項檢測只有小機率產生偽陽性。然而，這項檢測政策類似全民篩檢，很可能出現前面提到的風險，也就是在低盛行率下，可能有過高比例的偽陽性檢測結果。不過資料顯示 2021 年 4 月，側流抗原檢測陽性的學生經過 PCR 檢測確認後，有 82% 同樣呈現陽性，如此高的正確率讓大家十分振奮。這個比例不斷提高，直到 Omicron 變種流行導致盛行率升高到一定比例之後，英國在 2022 年 1 月取消了 PCR 確認檢測。

事實上，根據上述計算結果，或許更應該擔心 PCR 檢測的偽陰性問題：18 名染疫者的檢測結果會錯誤顯示為未染疫，這可能會導致他們做出更高風險的行為。如前所述，此處的損失函數並非對稱，偽陰性和偽陽性兩種不同的錯誤檢測結果，實際上造成的後果嚴重程度，可能並不相同。

當然，以上使用的特異度、敏感度、疾病盛行率，以及出現症狀的人所占群體比例等數字，都僅僅只是概略值。這些數字皆使用費米估算的精神得出，提供一個合理的猜測。些微改變數值對計算結果影響甚小，結果依然會看到，使用 PCR 普篩整個群體，仍然會出現高比例的偽陽性，但若是集中針對特定族群進行檢測，可信度就會提高許多。

結果不平等？過程不平等？

本章著重在瞭解條件機率的價值，以及使用條件機率進行計算的方法。許多情境的結果都是以條件機率來表示，而我想告訴大家：若你也能夠建構結果表格、並且思考數字代表的意義，這將會成為你非常寶貴的一項能力。

舉例來說，熟悉條件機率能夠有效幫助大家探討社會不平等的原因。新聞報導往往會聚焦在結果不平等，例如某個族群的代表比例過高。但若要瞭解為何會產生結果不平等，則需要注意過程不平等，藉由考慮條件機率，就能夠有效瞭解過程不平等。

考慮以下的模擬情境。兩家工程公司都進行了大規模徵才活動。然而過程中，兩家公司都得知招募的男性是女性的兩倍。由於兩家公司都希望能擁有足以反映整體族群多樣性的工作團隊，因此都感到十分不滿意。

唯有透過更深入研究這些數字，並且考慮條件機率，才能發現不平等在兩家公司的狀況並不相同，因此兩家公司需要分別解決不同招募階段的問題。

兩家公司的招募結果，可以使用以下的表格來呈現，都統計了錄取和未錄取的男性和女性人數。A 公司的表格如下：

	錄取	未錄取	
男性	20	30	50
女性	10	40	50
	30	70	

觀察「錄取」一欄，會發現 A 公司錄取了 20 名男性和 10 名女性。但如果觀察各列，就會發現男性和女性個別的總應徵人數相等。使用條件機率來表示，則男性應徵者有 20 / 50 = 40% 的機率錄取，但女性應徵者只有 10 / 50 = 20% 的機率錄取。如此看來，不平等似乎出現在評選階段，因此值得研究招募委員可能出現的偏見，或者根據性別進行評估等等問題。

相較之下，B 公司的表格看起來就有點不同：

	錄取	未錄取	
男性	20	40	60
女性	10	20	30
	30	60	

觀察「錄取」一欄，會發現錄取的結果和 A 公司完全相同，都錄取了 20 名男性和 10 名女性。但如果觀察各列，並思考條件

機率，就會發現完全不是同一回事。具體來說，B 公司的男性應徵者和女性應徵者人數與 A 公司大不相同。事實上，B 公司在評選階段，男性和女性遭遇的狀況非常類似，都有三分之一的應徵者錄取，分別為 20 / 60 和 10 / 30。這代表評選過程本身並沒有問題，而不平等是出現在更早的階段。可能是因為招聘宣傳中令人反感的性別訊息，或者可能只是因為工程專業的畢業生中，本來男女比例就不平衡，導致女性應徵者人數較少。

當然，這只是一個簡化的模擬案例，真實世界的數字從來就沒辦法如此容易看出端倪。此外，如果申請某個職位的樣本人數本來就比較少，就會存在某種程度的自然隨機變動。雖說如此，這類分析可以而且也應該由擁有更健全資料的大型組織來進行，這絕對是一個值得反思的議題。

這類分析可以延伸、涵蓋更多招募階段，例如，不平等比較容易出現在決定面試名單的階段、或面試當下等等。英國大學的各科系經常會進行這類審查，當作「雅典娜科學女性學術網路」（Athena SWAN）性別平等評估過程的一環。雖然這些數字永遠都無法完全證明任何事實，但如果能正確瞭解這些數字，就能夠提供良好的討論依據，並且讓我們將注意力聚焦在組織招募過程的特定階段。

結論

我們已瞭解到，許多重要問題都需要使用條件機率的數學語言，從事件互相影響的角度來理解。使用貝氏定理和相關的表格及圖形繪製技巧，就能開始理解條件機率下的各種情境，包含新冠肺炎檢測和招募不平等之類的問題。利用損失不對稱的概念來量化不同錯誤行為造成後果的嚴重程度，能讓我們瞭解在貝氏推論的情境下，如何進行推論和決策。

課後作業

若要進一步瞭解條件機率和貝氏定理，我建議大家找出新聞報導等資料中提到的機率，並且思考那是機率還是條件機率。養成明辨機率和條件機率的習慣，十分重要，如果看到條件機率的話，還須搞清楚前提條件是什麼。需要特別注意的是，人們可能會有意或無意在「A 發生的條件下發生 B」和「B 發生的條件下發生 A」的條件機率形式下轉換，但卻沒有使用貝氏定理檢查計算是否正確。例如，瞭解「染疫者檢測出陽性」和「檢測出陽性的人已染疫」的差異就十分重要，值得多加注意是否有人會在兩者間隨意轉換，並且提出錯誤論點。大家也可以試試重新建構本章使用的機率表格，或者繪製對應的圖表。

第 8 章

發生比與成長曲線

賠率與貝氏發生比

我剛剛去了一家賽馬投注站，以「1 賠 3」下注 1 英鎊賭金押注賽馬「幸運小子」會在肯普頓公園的 3.30 比賽中勝出。1 賠 3 是什麼意思？我在下注時，心中認為幸運小子獲勝的機率有多高？事實上，我會如此下注是因為認為幸運小子有超過 25% 的機率勝出。然而，這些數字之間的關係到底是什麼？為什麼 1 賠 3 會對應到 25% ？

我們已經討論了數學家如何利用隨機性、機率和不確定性，來建構對世界的觀點，其實博弈公司和賭徒也可以幫助我們瞭解上述事物。這群人靠機率理論賺錢吃飯，意味著他們有更強的誘因好好算出正確結果，非常值得我們向他們學習。

事實上，大部分的機率理論學術主題，一開始都源自於博弈問題。第 5 章〈隨機散布的資料〉討論的期望值概念，一開始是法國數學家帕斯卡（Blaise Pascal）為了解決「點數問題」（Problem of the Points）而提出。點數問題研究的是：如果一場賭局被迫提前結束，賭金該如何公平分配。許多機率論相關的概念，都是在博弈情境下出現和得到名稱，例如，聖彼得堡悖論、賭徒破產問題、平賭（martingale，又稱鞅論）。

首先最基礎的部分，就是思考如何將機率對應到賭客很熟悉的概念，也就是博弈中的賠率（odds）。接下來，我會使用英國博弈公司標準的術語和架構來說明（其他國家可能會有不同的習慣）。1 英鎊是我的賭金，如果幸運小子沒有獲勝，我會輸掉賭金，空手而歸；如果幸運小子勝出，博弈公司會返還我的 1 英鎊賭金，外加給我 3 英鎊獎金，獎金相當於賭金乘以賠率，1 賠 3 代表每 1 英鎊賭金會賠付 3 英鎊獎金。

如果我想賺更多，也可以押更多賭金。如果幸運小子沒有獲勝，我同樣會失去所有賭金，但如果幸運小子真的獲勝了，我除了可拿回賭金，還能拿到押注賭金乘以賠率的獎金。但因為無論下注多少賭金，獎金都是乘以相同倍數，接下來我會以下注 1 英鎊為例來說明。

要知道博弈公司並非慈善團體，通常必須在賭局中獲利。博弈公司的獲利，不僅來自賭客大多不會計算機率，同時還要在提供的賠率上賺取利差（spread）。一般而言，博弈公司會提供相較於我們的理論分析更差一點的賠率，也就是說，博弈公司賠付的獎金會比機率上該有的公平獎金略低。這代表某方面來說，賭局並不公平，賠率會略為有利於博弈公司。

接下來請先忽略上述狀況，假設博弈公司十分有良心，決定提供公平賠率。試問標準丟硬幣遊戲中，博弈公司須提供下注正面多少賠率，才會是公平賠率呢？答案是需要提供「同額賭注」（evens），用博弈術語來說，就是 1 賠 1 的賠率。1 賠 1 指的是：如果下注正面 1 英鎊，丟硬幣結果為反面時，會輸掉賭注；結果為正面時，會拿回原本的賭注，外加 1 英鎊獎金，也就是總共會拿回 2 英鎊。這個賭局的設定，和前一章安妮與比爾的賭局完全相同。

思考下注期望值，就能清楚知道為什麼 1 賠 1 是公平賠率。

公平硬幣出現正反面的機率相等，博弈公司返還的金錢期望值為（0 + 2）/ 2 = 1 英鎊，正好和下注的賭金相同。換句話說，這個賭局的整體期望報酬為 0。當然，丟硬幣的結果完全隨機，並不保證一定會出現某種結果，但如果玩這個賭局很多次，大數法則告訴我們，大概會不賺不賠。

以上就是決定特定賭局公平賠率的方法，即計算多少賠率會讓整體期望報酬等於 0。期望報酬為 0 的賭局是大家會願意和朋友打賭的賭局，在冒險中又帶有樂趣，而且結果又不會對任何一方有利，造成賭局不公平。

藉由思考各種不同的偏差硬幣，就能計算出其他 1 英鎊的賭局，公平賠率應該設為多少。假定有一枚正面出現機率為 1/3 的硬幣，則下注正面的公平賠率為 1 賠 2。我們可以這樣推理：如果丟出反面，會賠掉賭金；如果丟出正面，可拿回 3 英鎊（1 英鎊賭金、外加 2 英鎊獎金）。因此，期望拿回的金錢為 $1/3 \times 3 + 2/3 \times 0 = 1$ 英鎊，正好和賭金相等。

一般來說，如果下注結果的出現機率小於 1/2，由於我押注的選項是較不可能出現的結果，因此公平賠率會優於同額賭注。反之，如果硬幣出現正面的機率大於 1/2，則公平賠率就會劣於同額賭注。舉例來說，如果出現正面的機率為 4/5，則公平賠率為 1 賠 1/4，或叫做 4 賠 1。這個賠率代表結果出現正面的話，可以拿回 1.25 英鎊（1 英鎊賭金、外加 1/4 英鎊獎金）。因此，期望拿回的金錢為 $4/5 \times 1.25 + 1/5 \times 0 = 1$ 英鎊，同樣與賭金相等。

事實上，進行類似計算，可以找出任何特定機率對應的公平賠率。這有一條簡單規則可供計算使用。關鍵點在於機率會落在 0 到 1 之間，如果寫成分數，代表分母必須大於分子。如果我們知道機率，就可以重寫成一對數字，分別為「分子」與「分母減分子」。

我將目前提到的三個例子，列在下方的表格中。三個例子都可以看到博弈公司的賠率，可以使用「1 賠（『分母減分子』除以『分子』）」的形式表示。例如，機率為 3/5，則分子為 3，分母減分子為 2，因此公平賠率為 1 賠 2/3，即 3 賠 2。

機率	分子	分母減分子	博弈公司賠率	貝氏發生比
1/2	1	1	1 賠 1	1
1/3	1	2	1 賠 2	1/2
1/4	1	3	1 賠 3	1/3
4/5	4	1	1 賠 1/4（4 賠 1）	4
3/5	3	2	1 賠 2/3（3 賠 2）	3/2

回到幸運小子賠率「1 賠 3」的問題。進行相同計算後會發現，此賠率是幸運小子勝率為 25%（即 1/4）時的公平賠率。因此，如果幸運小子勝率高於 25%，這場賭局就會對我有利，期望贏回的金錢為正值。當然，如果幸運小子的勝率小於 25%，則期望贏回的金錢為負值。同樣再次聲明，就算期望值為正，

也不代表我一定會贏錢。勝率僅僅告訴我們在不斷重複比賽下的長期結果，下注賭馬還是很有可能輸個精光。

雖然數學家和賭客在博弈勝率方面持相同看法，但兩者呈現賠率的習慣方式並不相同。在表格的最後一欄，我提供了數學家思考賠率的方式，正好就是博弈公司賠率前面的數字除以後面的數字，也就是「分子」除以「分母減分子」。這樣的賠率形式稱為貝氏發生比（Bayes odds），我很快就會告訴大家，為什麼需要使用貝氏發生比。為了強調兩者的差異，博弈公司的賠率我都會以 1 賠 3 的形式表示，而貝氏發生比則會以單一數字 1/3 的形式表示。

從各方面看來，貝氏發生比都更自然。主要原因是事件發生的機率愈大，則貝氏發生比也會愈大。雖說如此，兩種形式基本上指的是同一個機率，只要稍微調整數字的位置，就能夠互相轉換。例如表格最後一列中，博弈公司的賠率為 1 賠 2/3，而貝氏發生比則是將 1 除以 2/3，得到 3/2。

前面提到了從機率轉換為賠率或貝氏發生比的規則，而從賠率或貝氏發生比轉換回機率的規則也很簡單。貝氏發生比換算成機率的規則為「發生比除以（1 + 發生比）」。例如，在幸運小子的例子中，貝氏發生比為 1/3，因此可以根據規則，得到機率為 (1/3) / (1 + 1/3) = (1/3) / (4/3) = 1/4。

另外，如果利用博弈公司的賠率計算的話，機率為「1 除以（1 + 賠率）」，因此幸運小子的賠率 1 賠 3，換算成相同機率，則為 1 / (1+3) = 1/4。

圖靈的巨大貢獻

只要使用簡單的規則，就能將機率轉換為博弈公司的賠率，或是從賠率轉換為機率。使用先前提到的數學語言來說，賠率和機率基本上都是彼此的函數，也就是有一條規則告訴我們如何在兩者之間轉換。由於知道其中一種量值就等同知道另一種量值，因此我們會想要詢問，轉換成另一種量值有什麼好處。

其中一個答案來自於一個有趣的歷史視角。回顧英國數學家圖靈（見第 6 頁）的貢獻，他協助開發了全球第一臺電腦，並且確立了在計算機運算上使用的正式語言。近年來，圖靈的故事逐漸廣為流傳，圖靈於二戰期間在布萊切利園的研究，為破解德國恩尼格瑪密碼機，帶來極大幫助。圖靈的研究建立在波蘭密碼學家所打下極其重要的基礎上，包含佐加爾斯基（Henryk Zygalski）和雷耶夫斯基（Marian Rejewski）等人，皆功不可沒。然而，雖然以數學家的身分來說，圖靈已經超乎想像知名了，包含成為好萊塢電影《模仿遊戲》、多部傳記和一齣舞臺劇《孤獨天才的解碼遊戲》的主角，而且現在還登上了 50 英鎊紙鈔。但很可能沒什麼人知曉，圖靈的工作到底在做什麼。

大家直覺上會認為破解恩尼格瑪密碼機，就像是破解巨型填字遊戲或拼出世界上最大的拼圖，以為單純使用演繹推理邏輯，就能夠解出。但圖靈提出的概念，卻是深深扎根在機率理論上。圖靈的第一項研究貢獻，為他贏得三年劍橋大學國王學院的獎學金，內容是中央極限定理的新證明方法。

然而，圖靈在統計和機率領域最偉大的貢獻，都是在布萊切利園產出的，但出於國家安全考量，圖靈的貢獻幾乎都是在過世後，由他的助手古德（Irving John Good）努力不懈推廣，才得以曝光，讓世人間接知曉。閱讀古德的記述就能清楚瞭解，圖靈提出的概念都是建構在貝氏定理上。圖靈的描述方式比第 7 章〈條件機率與貝氏定理〉中看到的更簡練，並且使用貝氏發生比，而非機率。

破解恩尼格瑪密碼機

只要思考恩尼格瑪密碼機的運作原理，就會理解使用貝氏發生比是十分直觀的做法。

恩尼格瑪密碼機並非使用凱薩密碼（Caesar Cipher）這類固定密碼，也就是 A 永遠編碼為 B、B 永遠編碼為 C 這種方式。恩尼格瑪密碼機設計成能夠一個接著一個產生大量可能的密碼。每當按下一個鍵之後，機器就會傳送一道電子訊號，通過外插線和旋轉盤的系統，並且點亮另一片面板上的燈泡，對應到另一個不同的字母。基本上，不同外插線和旋轉盤位置的設定都會產生不同密碼，而每按下一個鍵都會讓旋轉盤旋轉一次，也就是說，即使是連續的相同字母，加密後也會產生不同字母的密碼。

加密過程如此嚴密，導致解碼成為複雜到難以想像的問題。密碼機可能的設定狀態太多，不可能單靠暴力破解法來解碼。基本上，唯一的線索是相同的初始設定下，字母會呈現兩兩一組：

如果按下 A 鍵時 G 的燈泡會亮起，則按下 G 鍵時 A 的燈泡就會亮起。而由於密碼機這樣的設計方式，字母編碼後永遠不會是原來的字母。但就算知道這項資訊，解碼起來似乎依然毫無頭緒。

然而，圖靈發現解碼過程可以使用貝氏定理來理解。還記得第 7 章提到，貝葉斯提供了貝氏定理的類比方式，可以將事件 A 視為「已經觀察到的資料」、事件 B 視為「假設為真」。圖靈發現他可以將觀察到的資料當作事件 A，也就是密碼機編碼字母使用摩斯密碼傳送時，被無線電操作員竊聽後寫下的資料。而事件 B 則是待檢定的假設，可能類似「第一條外插的線路連接字母 W 和 F」。由於密碼機的外插線路會決定「在設定為事件 B 的條件下，看到事件 A 的機率」，圖靈因此發現，使用貝氏定理可以推論出，在得知加密訊息 A 時，設定 B 正確的機率。

如果掌握了足夠資料，就能寄望條件機率能夠指引我們找到正確設定。理論上聽起來很簡單，但恩尼格瑪密碼機極其複雜，意味著要進行計算極度困難，如果沒有能執行程式的現代電腦，更是幾乎不可能做到。此外圖靈還意識到，一般使用機率呈現的貝氏定理，可以重新以發生比的方式呈現，能夠讓計算更容易。

古德所記述圖靈的研究中提到，圖靈使用了貝氏因子（Bayes Factor）這個量值，重新描述貝氏定理，藉此找出支持他的假設的證據。貝氏因子能夠告訴我們，得到任何證據時，會對假設的發生比造成什麼影響。貝氏定理的新公式告訴我們，在得到新證據後，假設為真的貝氏發生比，會等於原始貝氏發生比乘以新的貝氏因子。

相較於同時考慮全部得到的證據，圖靈發現，如果採用序列分析，能夠更進一步簡化計算。也就是說，密碼機密碼的每個新字母都是一項新證據，能夠產生新的貝氏因子，而各個貝氏因子可以依序相乘，得到新的貝氏發生比。

此外，如果取發生比的對數值，計算上就會更直覺。大家應該還記得第 3 章〈對數刻度下的指數成長〉中提到，$8 \times 4 = 32$ 可以理解為 $2^3 \times 2^2 = 2^5$，算式中指數部分的 3、2 和 5 分別對應到 8、4 和 32 的對數值。一般來說，如果將兩數相乘並取對數，會相當於兩數分別取對數後相加。

這意味著無須將發生比乘以新的貝氏因子，只需要將發生比對數值與貝氏因子對數值相加即可。有趣的是，圖靈和古德思考資訊的方式，類似第 9 章〈資訊就是力量〉將會說明的一種數學物件。然而，與第 9 章將介紹的單位「位元」（bit）不同，圖靈和古德使用的是資訊的英制單位 ban。

還記得我們的目的是希望能找到一些正確機率非常接近 1 的假設嗎？也就是希望機率中分子的數字，要遠比分母減分子的數字還要大，即希望貝氏發生比愈大愈好。換句話說，我們希望能找到足夠大的連續貝氏因子，來產生最大的貝氏發生比。

具體來說，貝氏定理是用來比較支持各種假設的「證據權重」（weight of evidence）。前面提到，恩尼格瑪密碼機運轉時，會進行一系列編碼，使得「即使是連續的相同字母，加密後也會產生不同字母的密碼」。然而，如果兩臺密碼機的初始旋轉盤位置設定十分接近，則兩臺密碼機的編碼序列變化會完全一樣，只是兩者之間會有固定偏移量（例如，其中一臺機器可能會快 7 格，或者慢 28 格）。

只要能找到密碼機之間各種格數偏移量假設的證據權重，就有可能找出正確偏移量。證據則是由密碼機輸出的巧合中尋找，原因在於英文和德文的資訊可以一定程度預測。例如，字母 E 的出現次數會比字母 Q 還要頻繁。第 9 章將會進一步探討我學術上的偶像向農所測量的語言可預測性。根據以上原理，如果正確猜出偏移量，就能調整密碼機到相同狀態，兩臺機器編碼出相同字母的機率就會大於 1/26，因此就會產生相同輸出。

藉由尋找上述巧合，並且使用專門製作的紙張來計算出現次數，然後計算出貝氏發生比的對數值，布萊切利園的團隊就能夠提出兩臺恩尼格瑪密碼機之間可能的偏移量，然後再使用自動運轉的設備「炸彈」（bombe）進一步檢定。藉由這種方法，同盟國就能逐漸推算出恩尼格瑪密碼機的正確設定，解讀德軍正在傳送的訊息，並且根據獲得的情報採取行動，確保作戰日登陸成功。

貝氏因子與 PCR 檢測

圖靈的想法為許多現代統計學奠定了基礎。如同先前提到，現代統計學大多由貝氏推論所驅動。當然，從圖靈最初建造實體設備解決抽象數學問題的想法，所延伸發展出的強大算力，也是推動現代統計學不可或缺的一環。

若要進一步說明貝氏因子的實用之處，則需要回顧第 7 章中的醫學檢測。接下來我將會演示，使用發生比如何讓計算相較於使用機率更直觀。

醫學檢測中疾病檢測結果呈現陽性，將會是我們列入考慮的證據。然而在還沒有證據之前，受檢者會有一定機率染上疾病，此機率可轉換為發生比，稱為背景發生比（background odds）。在得到任何額外資訊以前，背景發生比就已經告訴我們基本的染疫發生比了。背景發生比可以簡單根據整體染疫盛行率得出，但理想上會嘗試整合以下因素：是否受基因影響而更容易染疫等個人因素；是否有肥胖和抽菸等生活習慣因素；是否出現症狀或最近接觸過染疫者等短期標誌性因素。

若使用圖靈的說法，就是：在檢測結果為陽性的條件下，確實染疫的貝氏發生比，等於染疫的背景發生比乘以貝氏因子。換句話說，貝氏因子就是確實染疫時檢測結果為陽性的機率，除以沒有染疫時檢測結果為陽性的機率。

為了瞭解為何如此計算，可以回頭探討第 7 章中提到理學院和文學院學生缺席的例子。回想一下在那所虛構的大學中，3/4 為理學院學生、1/4 為文學院學生。其中 1/5 的理學院學生和 1/2 的文學院學生缺席。我們把這情況繪製成右頁的網格。

圖靈的計算方法告訴我們，「缺席學生是理學院學生」的貝氏發生比，等於這個學生是理學院學生的背景發生比，乘以缺席的貝氏因子。以這所大學為例，貝氏因子等於理學院學生缺席的機率除以文學院學生缺席的機率。

聽起來可能有些費解，我們可以試著將實際數字代入公式

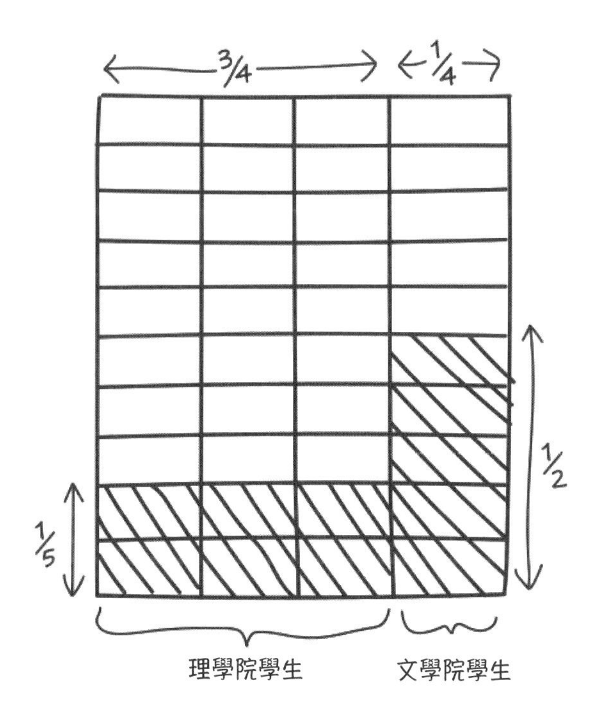

來觀察。理學院學生的背景發生比為 3（機率為 3/4，發生比是「分子」除以「分母減分子」，也就是 3 / (4 − 3) = 3）。貝氏因子則是 1/5（理學院學生缺席的機率）除以 1/2（文學院學生缺席的機率），即 2/5。因此，圖靈的規則告訴我們，「缺席學生是理學院學生」的貝氏發生比為 3 乘以 2/5，即 6/5。這個結果和前一章的計算結果相符：那時我們計算出缺席學生是理學院學生的機率為 6/11，所以貝氏發生比是 6 / (11 − 6)，等於 6/5。

這個例子同時也能幫助我們瞭解貝氏因子代表的意義，以及為何十分實用。貝氏發生比 6/5 代表網格左側理學院學生塗黑格子相對於右側文學院學生塗黑格子的比率。6 為 3 欄乘 2 列的 6 格，5 為 1 欄乘 5 列的 5 格。

因此，我們可以將算式做以下變化：6/5 = (3 × 2) / (1 × 5)，或是寫成 (3/1) × (2/5)。第一項為背景發生比，第二項則為貝氏因子。

瞭解上述論點後，就可以代入第 6 章〈絕對要學會的統計方法〉的數字，驗證新冠肺炎隨機檢測的計算數字。還記得當時假設的數字為 1% 的人染疫，80% 染疫者檢測為陽性，以及 0.5% 的未染疫者檢測為陽性。

如果隨機檢測某個人，則 1% 染疫者對應到機率 1/100，因此背景發生比為 1 / (100 − 1) = 1/99。貝氏因子則為染疫者檢測為陽性的機率，除以未染疫者檢測為陽性的機率，即 80 / 0.5 = 160。

將背景發生比乘以貝氏因子，可得到檢測為陽性的條件下，受檢者確實已染疫的貝氏發生比，即 1/99 × 160，約為 8/5。這個數值與第 7 章中，使用更複雜方法得到的機率相同。當時我們發現 13 個檢測為陽性的人當中，有 8 人染疫，使用「分子」除以「分母減分子」這條規則，可以將 8/13 的染疫機率轉換為 8/5 的貝氏發生比，代表這兩種方法得到的結果相同。

這些數字看起來可能讓人暈頭轉向，但我們同樣可以繪圖讓答案變得更清晰。為了讓大家能夠清楚看到各個區域，右頁的圖中，我稍微將部分刻度放大了一些，這麼做並不會影響呈現上述問題的機率。最左側分隔出的 1% 區域，代表染疫者，其中 80% 塗黑區域，代表這些染疫者中檢測為陽性的人；右側區域中則有 0.5% 塗黑，代表檢測為陽性的未染疫者。

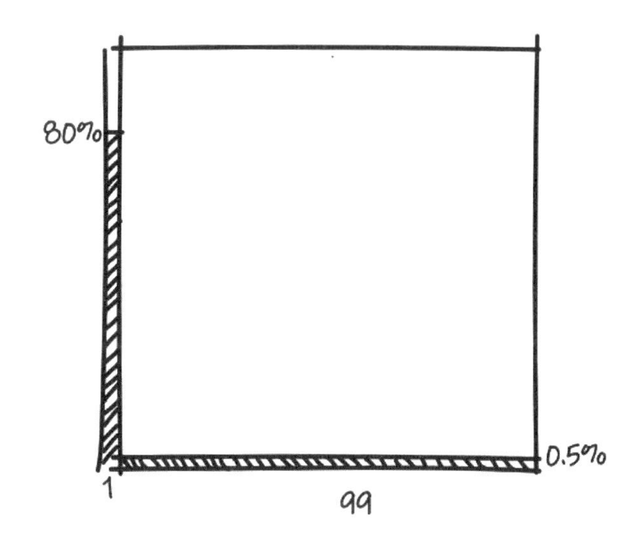

因此，我們所關心的貝氏發生比為兩塊塗黑區域的比率，一條又長又細，另一條則是又寬又扁。左側區域為 1 × 80 = 80，右側區域為 99 × 0.5 = 49.5，因此區域比為 80 / 49.5，約為 8/5。當然這裡也可以改寫為下式，意義會更明確：(1 × 80) / (99 × 0.5) = (1/99) × (80 / 0.5) = (1/99) × 160。這裡同樣可以發現，第一項為背景發生比，第二項為貝氏因子。

以上所述，都是為了量化說明，新冠肺炎的 PCR 檢測十分準確。如果以博弈公司的術語來思考，得知 PCR 結果為陽性，就像是得到了一條內線資訊，能夠讓 1 賠 99 的賭局，變成有利的賠率。如同在布萊切利園中，我們希望能得到數值非常大的貝氏因子，乘上相對極小的背景發生比，來得出較大的貝氏發生比，背後的數學原理與 PCR 檢測相同。事實上，觀察貝氏因子的形式，可以發現如何得到 160 這麼大的數值：貝氏因子數值是由高比例（80%）檢測為陽性的染疫者，除以非常低比例（0.5%）檢測為陽性的未染疫者而得。

在極端情況下，如果偽陽性的比例為 0%，貝氏因子的分母會是 0，而得到無限大的貝氏因子。無限大的貝氏因子是可能出現的最佳結果，在這種狀況下，所有檢測為陽性的人都真的已經染疫，這完全符合直觀想法。如果是另一個方向的極端案例，可以設想檢測的貝氏因子小於 1。在這種狀況下，陽性檢測結果代表受檢者染疫的機率，反而會比背景發生比還要低，也就是檢測會提供錯誤資訊！總結來說，貝氏因子可以有效評估檢測品質：貝氏因子愈大，檢測品質愈佳。

貝氏發生比的妙用

大家可能會覺得，目前的內容好像沒有提供什麼額外資訊，只是單純將一種數值轉換為另一種，並且檢查計算出的數值是否與第 7 章的答案相同。但貝氏因子在需要不斷重複相同計算的問題中，真的十分實用。要注意的關鍵點是：貝氏因子僅僅取決於檢測本身，這代表貝氏因子是一個通用量值。如果我在沃靈頓鎮和威靈頓鎮進行相同的檢測，貝氏因子會是同一個數值。唯一會改變的是盛行率，並以背景發生比來呈現。

例如在第 7 章中，我們改為檢測出現症狀的人，而非隨機檢測。在這種情況下的盛行率為 9%，背景發生比為 9 / (100 − 9) = 9/91。我們只要將 9/91 乘以相同的貝氏因子 160，就可以得到貝氏發生比 (9/91) × 160，約為 16。這個結果跟第 7 章計算出的結果相同，也就是會有 72 個真陽性和 4.5 個偽陽性，對應到相同的貝氏發生比 72 / 4.5 = 16。

繪圖呈現的話，只需要將分隔線向右滑動，讓左側塗黑的區域變大，對應到較大的發生比。由於條件機率的大小是檢測本身固定的屬性，因此左右兩塊長方形區域塗黑的比例並未改變，同樣是 80% 和 0.5%。

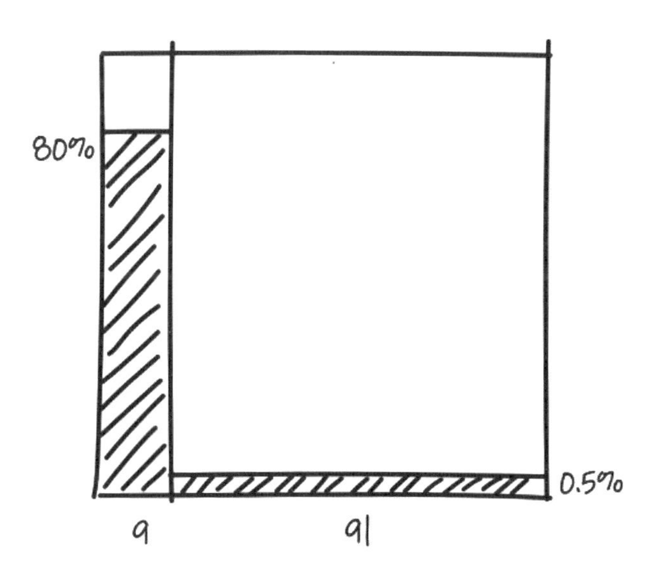

圖形清楚呈現了：僅檢測出現症狀的人，會讓貝氏發生比提高的原因。此時的貝氏發生比同樣為左側細長塗黑區域與右側寬扁塗黑區域的比率。由於左側區域為原來的 9 倍寬，塗黑面積也會變成 9 倍，而右側塗黑區域則與先前相差不多。因此粗略來說，只檢測出現症狀的人，可以讓貝氏發生比大約增加為原本的 9 倍。

這是使用圖靈形式的貝氏發生比公式處理偽陽性問題時，極其吸引人的一項特色。這種處理方式可以將檢測本身的效果（由貝氏因子表示）和所要檢測群體的染疫背景發生比分離。總結來說，貝氏發生比公式給出了漂亮結果：盛行率加倍，則發生比也會加倍；盛行率減半，則發生比也會減半。

事實上，上述結論讓我得知，英國 2021 年秋季的檢測系統出了一些問題。當時盛行率正在升高，但是貝氏發生比（利用通過 PCR 的抗原檢測比例測量）卻在下降，這個現象完全沒有道理。後來證實了是某間實驗室內部出了問題。監控這類指標，可以幫助我們在未來發現同類型的問題。

雖然我使用了群體層級的檢測來說明上述結果，但相同的論點在個人醫療檢測上也適用。設想檢測個人是否罹癌的情境，癌症有許多已知的風險因子，包含年齡、是否抽菸或喝酒等等。我們會想結合這些風險因子和檢測結果，整體評估受檢者罹患癌症的機率。

毫無疑問，貝氏定理是這類評估的最佳方法，但我們同樣無法期待每位醫師都擁有足夠的統計知識，能夠計算貝氏機率。醫師也沒有時間找出檢測的成功率，並且在忙碌的看診時間進行必要的數學計算。但貝氏定理中的貝氏發生比公式，讓醫師能夠輕鬆得出受檢者的罹癌風險。

回想一下，檢測結果為陽性的受檢者中，罹患癌症的發生比等於受檢者背景發生比乘以貝氏因子。我們可以重寫公式為：發生比的對數值等於背景發生比的對數值加上貝氏因子的對數值。

關鍵在於要記得，所有相同類型檢測的貝氏因子都相同，因此可以事先由醫療監管機構方得出，並公告貝氏因子標準值。這代表每次醫師進行檢測時，只需要簡單進行病人風險因子的前測評估，藉此找出背景發生比，在出現陽性檢測結果時，就能利用上述資訊，計算出疾病的貝氏發生比。

上述計算方法，可以使用下面這張圖來呈現：

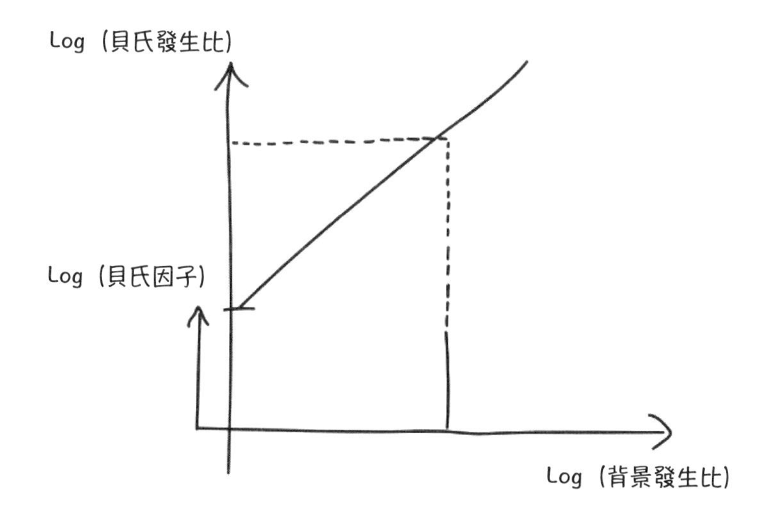

基本上，每種檢測只需要繪製一張圖，並在圖上標示出必要的貝氏因子對數值。然後，醫師只需要找出受檢者的背景發生比，在 x 軸上找到對應的點，對應到圖中的斜線，然後在 y 軸上讀出貝氏發生比即可。實務上的進行方式可能會更簡單：只需要簡單決定適當的貝氏發生比閾值，例如「貝氏發生比大於 0.2，則需要進一步檢測」，然後這個數值可以轉換為背景發生比。換句話說，醫師甚至不用查看圖表，任何檢測結果為陽性、而且背景發生比大於一定數值的受檢者，都應該進一步檢測。

S型成長曲線

還有其他狀況也會使用發生比、而不只是百分比來思考，這能幫助我們瞭解自然過程的行為模式。許多情境下常常都會看到 S 型函數（sigmoid function），或稱為成長曲線（logistic curve）。右頁的圖提供了 S 型曲線的一個例子，這是用電腦繪製的圖形。

重點在於，這張圖可以想像成市占率百分比，呈現了一件新產品從幾乎沒有市占率，經過非常陡峭的成長過程，最終幾乎完全占據市場。這條曲線的某些階段可能會讓人誤解：曲線從初期到中期看起來像是指數成長，事實上這樣想也相差不遠。但毫無疑問，市占率沒辦法永遠維持指數成長，市占率無論如何都無法超過 100%。

然而，曲線並非簡單指數成長到 100% 後才停止成長，曲線會逐漸變得平滑。你用新業務開發的角度，就能想出其中原因。

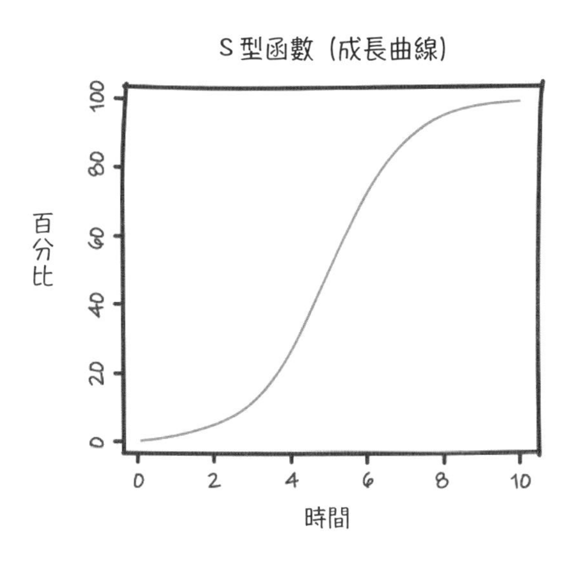

在早期階段，產品要提高市占率十分容易，只要有足夠的宣傳，就會有許多新客人願意嘗試。但隨著時間經過，要維持成長會愈來愈不容易。一旦產品達到約 50% 市占率，就只有剩餘 50% 的客人願意購買，才能增加市占率，而這些人更可能因為年齡、收入或不願嘗新，而更抗拒購買這項新產品。

由於上述原因，這類 S 型曲線通常無法取得 100% 市占率。例如，我們可以觀察擁有智慧手機的使用者百分比圖表，或是使用 Google Chrome 瀏覽網頁的網路使用者百分比，同樣都會看到在市占率達到 100% 前，曲線就開始漸趨於平緩。或許某部分的網路使用者，購買了內建微軟或蘋果自家瀏覽器的電腦後，覺得沒有必要安裝新的瀏覽器，或者根本不知道如何下載和安裝新瀏覽器。

智慧型手機在手機市場的滲透率

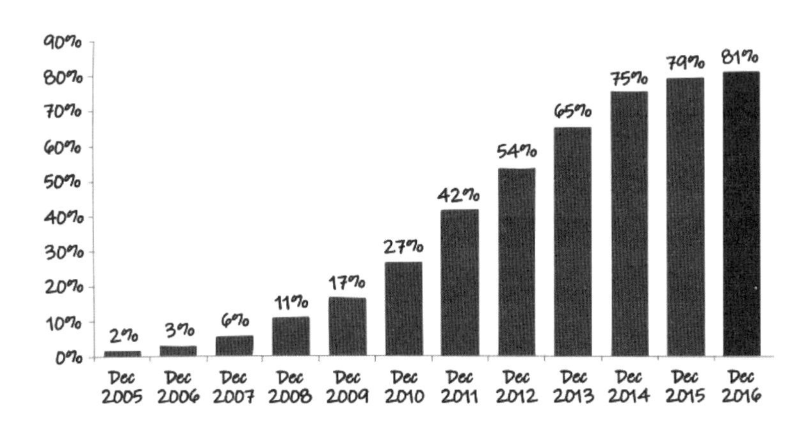

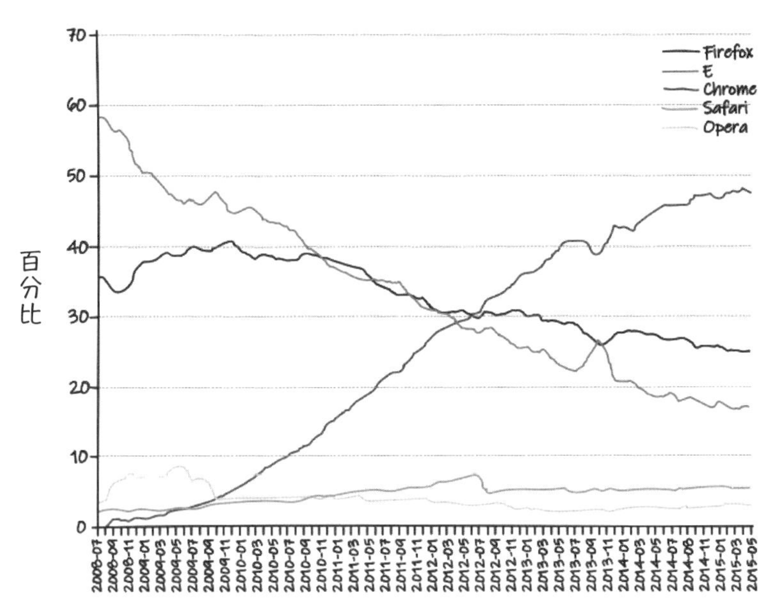

這類 S 型成長，也正是 Alpha、Beta 和 Omicron 等新冠肺炎變種病毒株席捲全球各地時，所表現出的行為。變種病毒一開始的案例占比非常少，但很快就超過了原有病毒株，幾乎 100% 含有新冠肺炎病毒的檢體都帶有變種病毒株。

我們可以藉由瞭解這類 S 型曲線產生的方式，來預測和建構病毒未來行為的模型。S 型曲線的行為其實比大家想的還要簡單且容易預測。首先回到產品市占率成長模型，並且不要用百分比的方式思考，而是利用貝氏發生比。與先前做法相同，我們可以計算「分子」除以「分母減分子」（取得的市占百分比，除以未取得的市占百分比），並且繪製成圖形。顯然隨著市占率增加，貝氏發生比也會增加，但我們應該會看到哪種曲線呢？

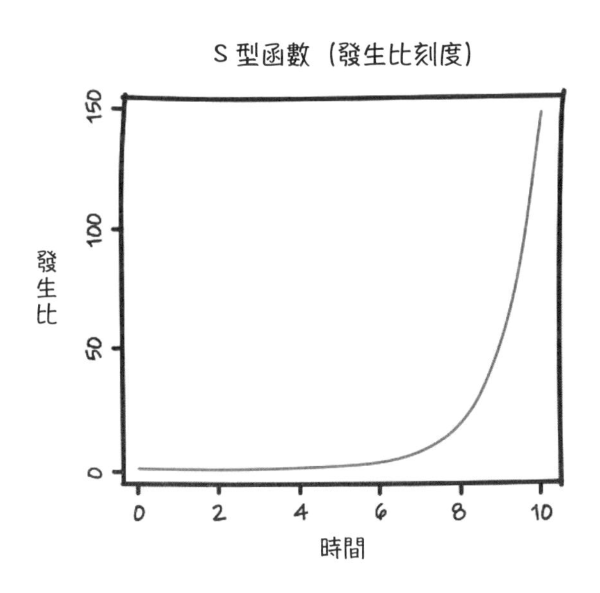

事實上，繪製出的發生比曲線呈現出十分熟悉的形狀：發生比一開始很低，然後成長愈來愈快速，呈現出指數曲線行為。如同第 3 章〈對數刻度下的指數成長〉的做法，利用對數刻度繪製發生比，就能檢查曲線是否真的是指數曲線。而這條曲線對數值繪製出的圖形確實是一條直線，顯示發生比真的呈現指數成長。

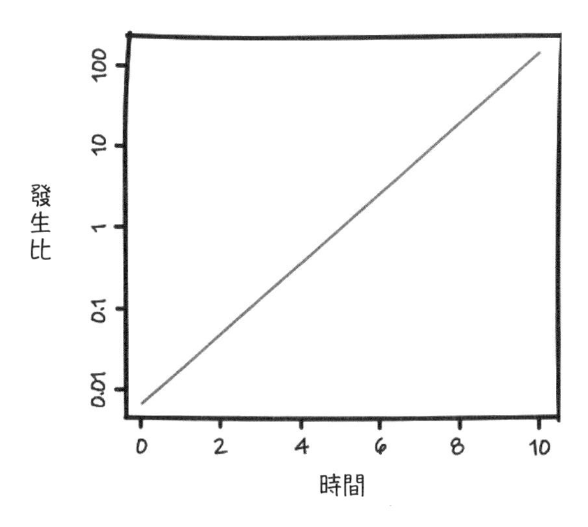

如果思考一下新冠肺炎新變種的傳播方式，出現這樣的結果就合情合理。若有兩種病毒株 A 和 B，傳播較快的 A 病毒感染的染疫者所占比例，等於 A 病毒染疫人數除以 A 病毒加 B 病毒染疫人數，這樣的算式難以處理。但如果轉換為發生比的話，就會是簡單的 A 病毒染疫人數，除以 B 病毒染疫人數。因此，如果其中兩種病毒株皆以指數成長或衰減，則發生比也會呈現指數成長或衰減。假設 A 病毒染疫人數以 4^x 的指數函數成長，x 代表經過的時間，而 B 病毒染疫人數以 2^x 的指數函數成長，則發生比為 $4^x / 2^x = (4/2)^x = 2^x$，同樣是一個指數成長函數。

我們在第 3 章已看到，使用對數刻度 y 軸繪製資料，就能估算指數成長速率。在這個例子中也相同，使用對數刻度 y 軸繪製發生比資料，就能估算兩種病毒株染疫人數成長速率的差異。換句話說，這類成長圖可以幫助我們得知新變種的競爭優勢。而正是利用這類計算，才讓科學家清楚發現 Alpha、Beta 和 Omicron 的傳播速率確實更快。在成長圖上繪製發生比對數值曲線時，確實出現了一條斜向上的直線。隨後科學家在世界各國繪製疫情成長圖時，也都得到了相同結果，證實了變種株在全球各地的競爭優勢都更強，各地的發生比對數值曲線斜率，差異並不大。

使用上述方式繪製不同病毒株的染疫者比例，通常確實能將較難解釋的 S 型曲線資料，轉換為較清晰明瞭接近直線的圖形。瀏覽器市占率資料也可以使用相同的方式來轉換，首先將比例轉換為發生比，然後繪製發生比對數值曲線，藉此就能判斷 Google Chrome 的成長速率，以及推算未來可能的成長速率。

您瞧，這本書的兩個主題可以整合在一起，產生十分有意義的結果。首先，我在第 3 章中提出繪製資料的對數值曲線十分實用，而在本章中，則提出發生比往往是思考比例最直觀的方法。將兩者結合的話，發生比的對數值似乎就成為一個極具意義的量值，在醫療檢測、新冠肺炎變種病毒傳播和新產品推出等方面，都能提供我們洞見。

結論

本章說明了利用賭徒的賠率和貝氏發生比思考機率，可以讓我們以全新觀點探討事件發生的可能性。例如圖靈在布萊切利園的研究和醫療檢測中的偽陽性問題，都能夠利用貝氏發生比更清楚理解。此外，將發生比轉換為機率的技巧，結合指數成長的概念，能讓我們預測變種病毒傳播，並且在對數刻度成長圖上，將S 型成長曲線轉換繪製成直線。

課後作業

大家可以嘗試應用本章所學的概念，例如前往博弈公司的網站查看賠率，並試著使用「1 除以（1 + 賠率）」的方式將賠率轉換為機率。轉換出來的機率看起來合理嗎？如果不合理的話，是否某些下注策略有利可圖呢？當然，大家不用真的花真金白銀下注，你可以將計算和評估過程當作一項練習，看看自己的判斷力到底有多準確。大家也可以嘗試繪製圖表來計算醫療檢測的發生比。例如，如果抗原檢測的真陽性和偽陽性比率分別為 50% 和 0.03%，則陽性檢測結果正確的發生比，在盛行率 0.1%、5% 和 10% 時，分別是多少呢？

第三單元

資訊

第 9 章

資訊就是力量

資訊理論開創者——向農

2020 年 2 月 23 日，美國的 CBS 新聞發布了一項有趣的民調結果。這次調查並未詢問選民秋季的總統大選會投給誰，而是請他們預測哪位候選人會勝選。雖然這只是一個簡單的機率評估問題，但兩黨支持者的預測截然不同：90% 的共和黨支持者認為川普「必定或很有可能」連任，但僅有三分之一的民主黨支持者持相同觀點。為什麼會有如此巨大的差異呢？

這正是同溫層（filter bubble）的一個絕佳例子。選民會根據候選人是否看似很受歡迎，來評估誰會勝出，且至少都會參考身邊認識的人支持誰來評估。例如，如果你在臉書上看到很多朋友都發文支持川普，可能會認為這足以代表整體選民的意見，而評估川普會勝出。美國的政治兩極化，加上因年齡或社經階級造成的社會分層，導致兩黨支持者都更有可能和相同政黨的支持者成為朋友。因此，兩黨支持者都會接收到偏頗的資訊，所觀察到自己支持的候選人受歡迎程度都會遠遠超過實際狀況。

若是同溫層效應導致選民確信選舉結果必定出了錯，就可能帶來許多危機。因此，瞭解人們接收到關於世界狀態錯誤資訊的問題如何產生，就顯得格外重要。目前我已經提出，數學是正確繪製資料、追蹤趨勢、以及瞭解估計誤差的強大工具。更令人驚訝的可能是，數學在調和明顯矛盾的事實、查驗資訊，以及理解氾濫資料方面，也發揮了強大作用。

但這樣看來，我們所說的資訊到底是什麼？要如何量化資訊呢？這就要追溯到天才向農（Claude Shannon）的研究，向農在 1948 年發表的論文，倏然就建構起全新的研究領域 —— 資訊理論。事實上，有些人可能不同意我稱向農為數學家，認為向農實際上是一名工程師。或許這個說法也沒錯，但向農開創性論文的名稱叫做〈通訊的數學理論〉，因此我十分樂意稱他為數學家。

向農是我學術上的啟蒙導師，而他吸引我的其中一個原因，就是他總是抱持輕鬆態度看待事物。向農喜歡動手改良設備，包含組裝雜耍機器人、能走迷宮的玩具鼠。向農當時生活的時代，電腦仍然像房間一樣大，而且全世界只有稀少的幾臺電腦。而正是向農組裝物件的基礎能力，讓他還僅是二十一歲的研究生時，就撰寫出史上公認最重要的碩士論文，取得職業生涯的第一次重大突破。向農 1937 年發表的論文，確立了一件現在大家都認為理所當然的事：任何可以使用 0 與 1 表示的計算問題，都能夠使用電路來運算。〔0 與 1 的計算問題有時稱為布林代數（Boolean algebra），是以愛爾蘭數學家布林（George Boole）來命名。〕

二戰期間，向農致力於解決政府在密碼學方面的機密問題，也就是負責解碼，包含證明單次密碼本（one-time pad, OTP）在正確使用時牢不可破。其中一種理解單次密碼本的方法，就是想像成根據一系列獨立公平硬幣投擲結果，決定是否反轉數字 0 或 1。

舉例來說，假設位在巴黎的英國大使，想傳送訊息回倫敦，訊息為 01101011，可能代表「一切安好」。如果英國大使和倫敦總部都握有相同的單次密碼本，就能夠安全傳送訊息。單次密碼本的內容非常簡單，就是一連串事先約定好的 0 與 1，製作方法可以利用重複投擲公平硬幣，並且在出現正面時寫下 1、出現反面時寫下 0 來完成。

單次密碼本中的 1 代表「反轉此位置的位元」，0 代表不要反轉。因此，如果單次密碼本的開頭為 10101100 ……，則代表「反轉訊息的第 1、3、5 和第 6 位元」。因此，我們想傳送的訊息若是 01101011，最終傳送出去的訊息會變成 **11000**1**1**1，反轉的位元已經使用粗體強調。倫敦基地收到這則訊息後，只要簡單拿出單次密碼本，並且反轉對應位元（第 1、3、5 和第 6 位元）就能還原原始訊息。

然而，這段訊息的竊聽者卻完全無法解讀。就算竊聽者擷取到傳送出來的訊息 11000111，也完全無法知道哪些位元反轉了。同樣有效且使用機率相等的單次密碼本，也可以將傳送的訊息對應到 01010110（「成功竊取法國機密」）或 11001101（「寄一些茶包給我」）等等原始資訊。假設單次密碼本真的是由丟獨立公平硬幣產生、真的只使用一次，而且也沒有人成功闖入英國大使館複製一份出來，就數學理論來說，竊聽者不可能知道傳送的訊息是什麼。

關鍵點在於，產生單次密碼本的過程完全無法預測，因此傳送的訊息能夠完美隱藏。「隨機且無法預測」是向農資訊理論發展的一個重要元素，我們會自然設想，如果由較容易預測的丟硬幣過程產生單次密碼本，例如在 10 個位元中只反轉 1 個位元的話，有機會還原訊息嗎？事實證明，如果我們能利用被加密的原始訊息的結構的話，就有機會還原訊息，這就如同利用填字遊戲中的提示字母想出答案一樣。例如，如果英國駐巴黎大使經常傳送 01101011（一切安好），而經過單次密碼本加密後，都會出現相似的訊息，我們就有十足信心猜測 01101011 就是未加密的原始訊息。

數位新世界

二戰期間，向農遇到了另一位偉大天才，即致力於處理數學和物理設備介面、上一章介紹過的圖靈。向農和圖靈處理問題的方法十分類似，他們都會將書面語言抽象轉換為數學模型，藉此解決二戰時的密碼破譯問題。1943 年圖靈訪問美國時，兩人雖有見面交談，但他們未曾共同發表過論文。或許是因為向農和圖靈的工作都需要極度保密，因此兩人從未意識到，他們的研究內容其實十分相似。

向農職涯的重要時刻都在貝爾實驗室（Bell Labs）度過，貝爾實驗室的工作風氣，處於面對直接商業壓力的產業界和擁有研究自由的學術界之間。這種相對無拘無束的環境，讓貝爾實驗室成為二十世紀電晶體和雷射等科技發展的重要萌芽之地，造就了九名諾貝爾獎得主。貝爾實驗室正好滿足了向農結合動手實作和基礎研究的工作方式。

1948 年，向農在橫跨兩期的《貝爾系統科技期刊》上，發表了他的驚天大作。從各方面來看，這篇論文建立了量化資訊的方法，對於塑造現代世界，功不可沒。事實上，向農創造了量值僅能為 0 或 1 的位元（bit，binary digit 的簡寫，即二進制數位）。

向農發現位元是儲存資料的基本單位，無論多大量的資訊都可以用一系列的 0 與 1 來表示。例如，4 位元可以表示 16 種可能訊息。計算方法為：第 1 到第 4 位元各有 2 種可能值，而 2 × 2 × 2 × 2 會得到 16 種可能值。我們只需要建構一張能告訴我們每個序列所對應訊息的表格，就行了。

雖然我們現在已經使用較大的單位來儲存資料，但使用 0 與 1 儲存資料的基礎概念，到了現在仍然十分重要。文字通常會以位元組（byte，8 個 bit）儲存，我們現在也經常使用 MB（八百萬位元）、GB（八十億位元）、甚至 TB（八兆位元）等單位。每當大家購買能夠儲存幾個 TB 的硬碟，或是簽訂每月可以提供固定 GB 數據流量的手機合約時，使用的詞彙正是源自向農的論文。然而將數十億個 0 與 1 儲存在微小裝置上的工程技術，可能連向農都無法理解。即使如此，到了七十五年後的今天，向農的基礎洞見依然可以幫助我們理解，儲存空間和通訊系統的基本極限。

資料壓縮

重新回顧介紹機率時使用的硬幣，就能瞭解向農一部分的貢獻。設想我們丟了兩枚硬幣，一枚是公平硬幣，另一枚是偏差極大的硬幣，有 89% 機率出現正面。

毫無疑問，丟公平硬幣的結果基本上無法預測，丟出正面和反面的機率相同，而且前一次的結果不會影響下一次的結果。這代表沒有任何預測策略或固定規則，能夠確保你預測成功的機率超過一半，這就是為何丟硬幣常用來解決棘手爭端。對比之下，預測丟那枚偏差硬幣的結果則相對簡單，大多數時候都會出現正面。只要每次都猜正面，就能預期每 10 次約有 9 次會猜對，這比預測公平硬幣的準確程度還要高出許多。

向農所發現的，不只是丟偏差硬幣比丟公平硬幣的結果更容易預測，他還發現，連續丟偏差硬幣的結果也可以用更有效率的方法來總結。也就是說，如果我們要說出丟公平硬幣 128 次的結果，就只能簡單列出整串結果，例如：正反反正反正反反……正正。如果使用向農的數學語言，則可以使用位元來表示，將正面記作 1、反面記作 0。向農發現，要總結丟 128 次公平硬幣的結果，需要用到 128 位元，也就是每丟一次需要 1 位元。

對比之下，由於偏差硬幣更容易預測，因此描述結果序列時可以使用更省空間的方法。例如，無須列出完整的正反面序列，只須傳達哪幾次結果為反面即可。因此可以給出一串數字序列：11、18、32、……、97，也就是哪幾次丟硬幣的結果出現反面。

我們預期每回實驗（丟 128 次偏差硬幣）大約會出現 14 次反面，並且可以使用 7 位元來呈現所有丟出反面的結果。如同前面提到，7 位元可以表示 $2 \times 2 \times 2 \times 2 \times 2 \times 2 \times 2 = 128$ 種可能序列，我們可以將每個序列對應到特定次數丟出反面。因此，平均來說，這個方法期望只需要使用 $7 \times 14 = 98$ 位元，也就是每丟一次硬幣只需要用到 0.77 位元。所以說，丟偏差硬幣的結果相較於丟公平硬幣，可以使用更簡潔的方法來總結。

事實上，向農發現，預測結果的難易程度和總結結果的難易程度，根本屬於同一性質。於是，向農提出了一種新量值：熵值（entropy）。熵值可以測量量值的隨機性大小。此外，測量熵值的單位，理所當然就是向農提出的位元。「隨機量值的可預測程度如何？」相當於詢問「總結結果的效率能夠多高？」，而答案則是要提供「結果熵值」的大小。

向農使用機率來表示熵值公式，將丟硬幣的例子套入公式，就能夠計算出結果。公平硬幣的熵值的計算結果為 1 位元，也就是說，每丟一次使用 1 位元是最有效率的呈現方法。相對來說，偏差硬幣的熵值為 0.5 位元，也就是說，比起前面提到每丟一次使用 0.77 位元，還有更有效率描述結果的方法。

高效率使用 0 與 1 的序列來呈現隨機對象的概念，稱為資料壓縮（data compression）。資料壓縮基本上就是在尋找結果的冗餘資訊（redundancy）和可預測性，並予以去除，然後使用較少位元來呈現資訊。手機拍照時，做的就是類似的工作，原本一張影像需要數億位元才能儲存，而轉存成 jpg 檔案，卻只要使用原本容量的百分之幾而已。關鍵在於影像其實能夠預測，因為一個藍色像素可能是一大片藍天的一部分，因此周圍的像素一定程度上可以預測，類似偏差硬幣的狀況。

即使如此，如同分子需要占有一定空間，我們並無法將整個房間的空氣壓縮到零，資料的熵值也有基本極限，無法壓縮到小於這個基本限制。例如，向農證明了無法找出任何方法，能夠以每丟一次硬幣少於 0.5 位元，就記錄下丟偏差硬幣的結果。

感受一下雜訊吧

光是量化資料壓縮背後隨機性的貢獻，就已經足以為向農贏得數學名人堂的一席之地。然而，向農在 1948 年的論文中，還做出另一項巨大貢獻，解釋了雜訊對訊息的影響。

大家可能會認為通訊頻道總是暢行無阻。如果我們寄送了一封信件，會預期送達收件者家中時，信件完好無損、且內容沒有遭到變更，收件者能夠閱讀到原始信件。

然而電子通訊可沒這麼簡單。現在人人皆有手機，而且都預期手機能夠完美傳輸通話。但是手機的電池相對較小，需要借助無線電和附近的天線桿來通訊。通常這類通訊會在擁擠的城市街區發生，無線電訊號會在建築物上來回反射，而且可能有數百名手機使用者同時使用同一支天線桿通訊。想到這樣的狀況，似乎任何一通電話能夠成功接通，都已經算是奇蹟了。因此，我們理應認為手機傳輸的訊號，無法完美由天線桿接收。我們設想從手機到天線桿的通訊頻道充滿雜訊，加上傳輸過程中會出現隨機錯誤，藉此建構了雜訊效應模型。

向農意識到，雜訊不見得會造成問題。如同向農證明了資料壓縮效率的數學極限，他也指出在這類雜訊干擾下，資訊的傳輸也有基本極限。向農提出了雜訊頻道容量（capacity）的概念。容量可以視作「有多少資訊可以通過頻道」，類似於水管寬度會限制有多少水可以流過。

向農指出，只要資訊不超過頻道容量，則流暢通訊完全沒有問題，只有很小的機率會出錯。這個想法就像是偏差的單次密碼本，如果僅有幾個位元反轉的話，我們就有辦法重建原始訊息。此外，向農也同樣藉由說明資料壓縮問題的熵值，來量化頻道容量。

相對於去除冗餘資訊可以壓縮資料，向農意識到，透過雜訊頻道通訊的關鍵是在訊息中加入冗餘資訊來保護資訊。頻道容量基本上可告訴我們需要添加多少冗餘資訊，冗餘資訊以核對位元（check bit）的形式添加，能夠讓接收者修正資訊。

雖然向農的論文提出了理論極限，但又過了五十年，才有人設計出能夠達到向農預測效能的實際計畫。設計這類生活中極為實用的錯誤更正碼（error-correcting code, ECC），依然是現今十分熱門的研究主題。

稀有資訊價值高

我們已經知道，在瞭解通訊問題時，向農利用熵值量化不確定性的方法，扮演了關鍵角色。向農的量化方法，說明了要如何才能壓縮一系列獨立丟硬幣結果，以及訊號發射器如何在雜訊存在之下，依然能夠傳送接收者得以瞭解的訊息。然而，熵值還有更多特性，對於瞭解世界來說都十分重要。

其中一個重點在於，熵值除了能夠呈現訊息可壓縮的概念，同時也告訴我們收到訊息時的意外程度，這也對應到閱讀訊息時可以額外得知多少資訊。例如，相較於得知一連串丟偏差硬幣的結果「正正正正正正正正正反正正正正 ……」，得知丟公平硬幣的結果「正反反正反正反反 …… 正正」，能夠獲得更多原本不知道的資訊。基本上，我們早就知道丟偏差硬幣大部分的結果都會出現正面，因此大部分接收到的資訊我們早已了然於胸。

另一種思考方式是：我們從稀有事件得到的資訊，遠超過從常見事件得到的資訊。1938 年活捉到腔棘魚的漁夫（腔棘魚是一種公認早已滅絕的魚類，僅有透過化石研究而得的資訊），改變我們對這世界的認知程度，遠遠超過昨天在北海抓到鯡魚的漁夫。雖然正如同字面上的定義，稀有事件無法像常見事件一樣經常發生，但每當稀有事件發生時，相對就能獲得非常多的資訊。

此外，雖然我已經說明，從丟硬幣結果序列中可以瞭解多少資訊，但這僅能代表單一種非常簡單的情境罷了。如同在第 5 章〈隨機散布的資料〉中所說，連續丟硬幣的結果相互獨立，任何一個結果並不會影響下一個結果。但一般來說，接收到的資訊間並不存在獨立性，通常連續資訊之間會存在某種程度的相關性。

舉例來說，我們會預期，英國連續兩天的新冠肺炎死亡人數十分接近，理由是兩天的死亡人數在一定程度上，都受到目前潛在染疫人數影響。相較之下，相隔數月的死亡人數則更傾向各自獨立，理由是在數個月的時間中，疫情發展狀況有許多不同的可能。

向農指出，在所有條件相同下，兩則真正獨立的連續資料，能提供我們最多資訊。假設其中一則資料含有 1 位元資訊，而另一則資料也含有 1 位元資訊。如果兩則資料獨立，則總共能獲得

2 位元資訊。但如果兩則資料並非獨立，例如，來自相同地區連續兩天的資料，由於其中部分資訊「重疊」了，因此整體來說，得到的資訊量會小於 2 位元，整體資訊量小於個別資訊量加總。也就是說，獨立資料的資訊位元數可以直接加總，因此獨立資料能夠提供最大資訊量。

另一種思考方式為：如果資料之間並非獨立，得知第一個資料點後，相較於完全獨立的資料，從第二個資料點中得到的額外資訊會更少。某些會讓我們意外的資訊已經不復存在。

根據「獨立事件的資訊可以相加」這個特點，我們就能推導出資訊公式。我們已知道，獨立事件同時發生的機率為個別機率相乘，以及多個數字相乘後的對數值等於個別取對數後相加。兩者結合之後、再配合向農的論述，就可以推論出：一件事件發生後，我們所得到的資訊量等於事件發生機率的對數值。這個概念實際上早在向農之前，於 1928 年就由美國工程師哈特萊（Ralph Hartley）提出了。結合上述想法和第 5 章提到的期望值概念，可以得知，向農提出的熵值基本上就是獲得資訊量的期望值。

熵值應用到合併檢測

向農的熵值概念也可以應用在檢測疾病方面，稱為合併檢測（pooled testing），又稱為分組檢測（group testing）。由於檢測通常量能有限且十分昂貴，我們希望每次檢測都盡可能發揮最大效率。如果疾病盛行率為 1%，則大多數的檢測結果都會呈現陰性。如同前面提到的偏差硬幣例子，這代表檢測的熵值極低，根據向農的論點，即代表每次檢測得到的資訊量都非常少。

由於我們無法改變人們的染疫百分比，當然也不希望更多人染疫，因此檢測效率低下的問題似乎無法解決。雖說如此，倒是可以試試經濟學家多夫曼（Robert Dorfman）的聰明想法。多夫曼在二戰時期也同樣受到軍事應用問題啟發。雖然多夫曼的論文在 1943 年發表，比向農 1948 年的論文還要早，但奇怪的是，若使用向農的數學語言，反倒更容易理解多夫曼的概念。

多夫曼當時參與了美國軍隊梅毒篩檢計畫。當時雖然已有梅毒檢測技術，但費用昂貴，而且實際上只有極少數人感染梅毒。多夫曼發現，與其每個人都篩檢一次，不如將好幾個人的檢體混在一起，只進行一次合併檢測。如果合併檢體中無人染上梅毒，檢體中就不會有梅毒病毒，檢測會呈現陰性。只需要花費一次檢測費用，軍隊就能夠知道合併檢體中的所有軍人皆未染上梅毒。

另一方面，如果合併檢體中有任何一人染上梅毒，他的檢體訊號強度會足以讓合併檢體檢測出病毒，檢測結果會呈現陽性。這時就需要進一步檢測，找出合併檢體中，是哪些軍人造成陽性檢測結果。多夫曼建議，可以簡單個別重新檢測合併檢體中的所有軍人，找出究竟是誰感染了梅毒。

多夫曼發現，在疾病盛行率很低時，合併檢測方法特別有效率。在低盛行率下，大部分的合併檢體中都無人感染梅毒，因此只需要檢測一次，就能夠確定合併檢體中的所有成員皆未感染。雖然有時候需要再進一步檢測合併檢體中的每個人，但出現機率很低，因此使用合併檢測很有機會大幅減少檢測次數。

雖然多夫曼的想法從未大規模實施，但從那時起，數學家和生物學家就一直對合併檢測方法頗感興趣。設計相較於多夫曼簡單方案更好的檢測策略，並且想出確定群體中哪些人遭到感染的聰明方法，往往會做為研究思考練習題。此外，合併檢測也能應用在生物學、網路安全和通訊問題上。

瞭解合併檢測的限制，一直都是十分熱門的研究領域，而其中一個關鍵的效能限制，則是在向農的論文中提出的。我們會想要在每次檢測中，盡可能瞭解最多資訊，因此會設法讓檢測出現陽性和陰性的機率接近相等，如此才能在每次檢測中，得到完整 1 位元的資訊。此外，我們也希望每次連續檢測之間盡可能接近獨立，如此才能相加資訊的位元量值。這意味著，合併檢體應當盡可能混合較少重疊的檢體，而非將檢測資源浪費在資訊類似的合併檢體上。這樣的檢測策略，達成了向農「結果獨立且出現機率相等」的目標，讓檢測更接近丟公平硬幣，而非偏差硬幣。

合併檢測固然有許多優點，但仍會面臨以下挑戰：合併檢測建立在完美假設上，認為合併檢體中如果含有染疫檢體，一定會檢測出陽性，如果不含染疫檢體，則會檢測出陰性。這是建立在完美檢測前提下的數學概念，但如同前一章提到，檢測結果可能出現偽陽性和偽陰性。如果檢體混合在一起的話，偽陽性和偽陰性的問題只會更嚴重——而且偽陰性問題可能會更嚴重，因為很可能由於「稀釋」的緣故，也就是一個陽性檢體可能會被許多陰性檢體淹沒，而無法檢測出來。

然而，雜訊問題如果從合併檢測演算法的觀點來看，並非無可避免。在資訊理論的啟發下，相關理論仍持續發展中，這些理論事實上也是我近幾年的主要研究內容。可能因為合併檢測獲得廣泛研究的緣故，世界各地在疫情期間都已經採用大規模合併檢測，包含中國、以色列、盧安達和美國部分地區。合併檢測可以讓檢測效率大幅提升，意味著向農的想法在檢測領域也帶來了正面影響。

從資訊理論看同溫層

向農的不確定性與資訊等相關數學公式，另一個能夠幫助我們的地方，就是提出了接收媒體資訊的某些原則。許多人都已經意識到同溫層十分危險，同溫層指的是一群擁有類似想法的人，藉由互相交流意見，更進一步強化彼此的信念。但有趣的地方在於，同溫層竟然可以用數學方式表達。

我們可以從一名新聞受眾的角度來思考這個問題。只要家中可以上網，人人都能接觸各種來源的資訊，得知世界上發生的大小事件。我們需要選擇接收哪些資訊來源，並且決定如何將訊息整合為單一意見，以瞭解事情的進展。這件任務可能會令人不知所措，瞬間湧入的大量資訊就像「從消防水管喝水」一樣，但數學家提供了一些實行方法的建議。

如同先前提到，首先，我們不應預設事物狀態的明確心像。即使在最好的情況下，也還是會存在一些不確定性，因此我們應該規劃提出一系列可能發生的情境，並且針對每個情境預期可能發生的機率，給予一定權重。如果使用第 6 章〈絕對要學會的統計方法〉裡講的，就是應該尋找信賴區間、而非尋找點估計。理想狀況是希望事情可能進展的範圍中，包含了所有合理情境，但對於可以合理排除的情境，則不予考慮。

第二，我們並不需要瞭解所有事物。例如，假設我們對能源政策和能源安全感興趣，則會想要找出許多全年可用、且不受國際政治情勢影響的周全能源來源，同時還希望能降低二氧化碳排放。我們有許多不同的方案可以選擇，但光是要列出超過 200 個國家的能源政策和目標，就已經是件大工程，更別談要將資料處理成條理清晰的心智模型。

就我個人而言，因為我住在英國，最感興趣的就是瞭解最適合英國的政策。這並不代表其他國家的資訊可以忽略，但引用向農的說法就是：在已知其中一個國家的資訊很可能更重要時，我們不應該尋找雜訊「過多」的通訊頻道。

舉例來說，雖然瞭解全年日照穩定國家的能源方案並非毫無意義，但對英國來說，過度依賴太陽能並非務實的選擇。相較之下，與英國氣候類似的北歐國家就是較佳的比較對象，值得個別調查北歐各國所採取的能源政策。

此外，如同前面提到，向農告訴我們，接收許多獨立資訊來源，能夠瞭解最多資訊。譬如，荷蘭的經驗可能值得研究，但如果比利時和盧森堡都採用類似政策，則將這兩國納入考慮能得到的額外資訊就會非常少。我們應當考慮採用不同政策的國家，才能夠瞭解更多資訊，例如，納入核能發電占全國總發電量 70% 的法國，或者大量建設水力發電站的挪威。就算這些國家的能源政策無法完全套用到英國，也值得納入，以提高資訊量。

推特並非真實世界

當然，上述原則一般來說，也能應用在資訊來源的選擇。如果希望閱讀的內容能夠吸收到最多資訊，向農告訴大家，點開已經十分熟悉、完全知道內容會提到什麼的專欄作家文章，根本毫無意義。這些文章的熵值接近零，而大家也幾乎無法從中得到更多資訊。因此，我們也不應該排斥「略讀」——如果一篇文章的撰文結構良好，前幾段每個文字得到的資訊量，應當會比後幾段得到的額外資訊量更多。

在推特上選擇追蹤對象的狀況也相同，大家可以想想看，追蹤一位觀點從未改變，或者和你大部分追蹤對象的觀點都相同的人，有可能得到新資訊嗎？從向農資訊理論的觀點來看，這個追蹤對象身上，基本上幾乎擠不出新資訊。反之，我們應該尋找能提供有意義新資訊的專家來追蹤。這並不代表這些專家說的永遠正確，幾乎沒人敢聲稱自己從不犯錯，但如果我們可以找到一群彼此的思考方式真正獨立、並且經常能提供專業知識和正確見解的專家，就有很大機會接觸到原本不會注意的更多意見和觀點。只要大家有一定的判斷力，就能夠釐清這些觀點，並決定在目前的狀況下，哪位專家的觀點最為正確。

事實上，數學語言可以讓我們瞭解同溫層的危險。同溫層代表我們只選擇聆聽早已認同的族群的意見。有一項稱為「群眾的智慧」（wisdom of crowds）的原則認為，只要得到大量理性猜測、並取平均值，就能準確估計未知量值。如同我們利用大數法則證明了費米估算，利用大數法則也能夠證明「群眾的智慧」。首先假設所有的猜測互相獨立，都與正確答案之間存在隨機波動，則計算平均值時，這些隨機誤差很可能會互相抵消。

然而，設想看看，一組並未做出真正獨立猜測的群眾，情況會有什麼不同？如果在一組 100 人的群眾中，有 99 人的意見都以特定專家的觀點為依據，則這 100 人的加權平均，很可能會十分接近那位專家的觀點。這樣的情況下，就無法再獲得「群眾的智慧」，但我們卻常常會自欺欺人，說服自己「群眾的智慧」依然存在。事實上，我們應該要給予那位意見獨立的人更大的權重，如此才能確保平均結果有最高機率接近真相。

如果大家不經意間讓自己真的處在同溫層中，情況可能會十分糟糕。處於同溫層時，接收到的媒體推播會過度集中於單一人士或特定群體的觀點，因此往往會對新聞做出過度反應（單一人士的意見相較於考慮多方意見來說，更可能會偏向單方向的極端觀點），而狹隘的觀點也更容易造成誤解或扭曲。

此外，如果簡略根據在媒體推播中，看到特定意見出現的次數，來衡量這些意見表面上的熱門程度，也很容易會對社群媒體以外的世界如何看待議題，產生偏差觀點。如果大家刻意只選擇追蹤強烈支持英國脫歐的人，或者只追蹤認為歐洲整合是唯一解答的人，就無法從接收的意見當中，判斷更廣泛的意見。「推特並非真實世界」說得完全沒錯，在判斷特定政策是否真的那麼受歡迎時，務必記住，要參考多方資訊來源。

雖然以上所說的，可能只是真實狀況的簡略模型，但很值得大家思考看看，是否為自己營造了過度受到少數人觀點影響的社群媒體推播環境，或者真正接觸了多元化意見。當然，向農這麼一個特立獨行的人已告訴我們，嘗試獨立思考、或在做出決定前盡可能聆聽更多人的想法，確實有益無害。

資訊理論應用於博弈

第 8 章〈發生比與成長曲線〉提到的對數和博弈問題，與資訊理論也存在很有趣的連結。前面已經說明了向農的研究如何呈現出「資料中的資訊」概念，而向農的同事凱利（John Kelly Jr）發現，相同概念也可以用來研究博弈。凱利根據資訊理論，開發出一套下注策略，稱為凱利公式（Kelly criterion）。凱利公式的目標是最大化財產翻倍速率，也就是讓對數刻度圖上的財產成長曲線，斜率盡可能陡峭。

凱利的策略必須考慮博弈公司提供的賠率與下注事件真實發生機率之間的差距。凱利證明了無論賠率如何，都應該根據下注事件真實發生機率，按比例將賭注分配到所有可能結果上。事實證明，凱利公式的下注策略風險太高，雖然能夠取得高期望值，但是變異數也非常大，因此賭客往往會採用更保守的版本。

使用凱利公式的期望報酬與熵值之間，存在某種關係。前面提過，向農引進了熵值概念來量化解釋某些隨機量值更加隨機的想法。向農指出公平硬幣的熵值為 1 位元，而 0.89 機率丟出正面的偏差硬幣的熵值為 0.5 位元。

請設想一家非常慷慨的博弈公司，提供兩種硬幣投擲結果的同額賭注賭局。凱利告訴我們，在公平硬幣賭局上，應該將賭金分成兩半，一半押注正面、一半押注反面。這樣每次都會輸掉其中一份賭金，而另一份賭金會加倍贏回，最終的總賭金不會有變化。但如果是偏差硬幣賭局，則每次應該將 89% 的賭金押注正面，11% 的賭金押注反面。因為偏差硬幣大多數的結果都會出現正面，我們通常會贏多輸少，實際上賭金會呈現指數成長，成長速率可以使用熵值表示。

凱利的策略在一般情況下都成立。熵值愈小，則結果的隨機性愈小，在同額賭注賠率下，獲利就愈大。上述想法讓考佛（T. Cover）和金（R. C. King）在 1978 年發明了一個博弈賽局，賽局中我們可以藉由觀察獲利高低，來估算熵值大小。考佛和金的賽局中，參與者會下注一段文字中，下一個出現的單字，利用這個賽局就能估算英文的熵值，也就是英文的預測難易程度。

當然，期待博弈公司提供能讓賭客獲利的賠率，顯然不切實際。然而，有時 21 點之類的賭場遊戲進行過程中，會出現暫時對賭客有利的賠率，這種情況出現時，凱利就指點了我們該如何下注。如同前面討論到瞭解醫療試驗中的誤差，這裡賠率（發生比）和對數又再次結合，提供了我們對真實世界問題的洞見。

結論

我們已瞭解，如何利用天才向農的概念，來理解現代世界。向農提出的熵值和熵值單位「位元」，是量化資訊和現代生活中非常重要的概念。向農讓我們能夠瞭解資料壓縮和雜訊下通訊的基本極限，以及得以量化各種資訊來源之間的重疊和冗餘資訊。雖然向農最初提出這些概念時，目的是解釋電報銅線上的通訊，但這些概念蓬勃發展、並廣為流傳後，現在已經能夠提供疾病合併檢測、同溫層和博弈策略等等，各種不同情境下的重要洞見。

課後作業

大家可以藉由思考「位元」這個單位，進一步探索向農提出的概念。大家看到下載速率、記憶卡大小和手機合約的傳輸量與容量數值時，也可以使用第 2 章〈在合理範圍內估算〉提出的近似值，進行估算。如果大家出生的世代使用過 CD 光碟的話，或許可以使用幾張 CD（每張容量約 700MB）做為單位。大家也可以思考接收到的資訊來源之間的相關性，並且採取行動，解決同溫層問題，例如，購買不同報社的報紙，或者在社群媒體上追蹤常與你意見相左的對象。

第10章

漫步、排隊和網路

2017 年 4 月 6 日，一位美國少年威爾柯森（Carter Wilkerson）在他擁有 138 名追蹤者的推特上，詢問了一個掀起滔天巨浪的問題：「嘿 @Wendy（溫蒂漢堡），要多少轉推，才能獲得一年免費雞塊呢？」速食連鎖餐廳溫蒂漢堡回覆「1,800 萬」。看來這件事似乎沒戲唱了。

哪知道奇異又瘋狂的事情竟然發生了。威爾柯森利用主題標籤 #NuggsForCarter 發起一項活動，許多名人都加入支持並協助宣傳此活動。這個故事聽起似乎頗振奮人心，而且大家都可以隨時加入支持和轉發貼文。每次轉發都會讓故事吸引更多目光，也會讓活動獲得更多支持能量。威爾柯森的文章雖然最終沒有獲得 1,800 萬次轉推，卻也至少獲得驚人的 340 萬次轉推，超越美國脫口秀主持人狄珍妮（Ellen DeGeneres）2014 年奧斯卡頒獎典禮自拍照的轉推紀錄。溫蒂漢堡也很滿意獲得的免費宣傳，決定贈送威爾柯森免費雞塊。

馬可夫鏈——股價是一種碎形

說了這麼多，但這個故事究竟和數學有什麼關係呢？其實我們可以使用數學的方式，思考事物傳播，例如，病毒在城市中的傳播、或社群媒體上活動的傳播。

我們已經瞭解到，隨機性是認識世界非常重要的工具。但目前聚焦的例子都是獨立的數字集合，例如丟硬幣的序列。雖然獨立性是非常好用的假設，可以合理應用大數法則和中央極限定理等統計理論結果，但是在獨立性限制下，往往無法呈現許多我們感興趣的問題。

第 5 章〈隨機散布的資料〉中，我已經說明了丟硬幣和抽樂透彩球的獨立性，這些物體並沒有先前發生結果的記憶。某方面來說，這意味著我們從過去結果得到的資訊毫無用處，這些物體的過去結果並不會影響未來結果。然而，事物通常都不具有獨立性。一般而言，許多類型的過程中，過去行為的資訊都會影響未來行為。這類行為較難以利用數學來研究，但產生的行為會更豐富且更有意義，因此努力研究這類行為往往能得到回報，能夠獲得真實世界情境的洞見。

最經典的例子就是隨機漫步（random walk），或稱為醉漢走路（drunkard's walk）。隨機漫步模型可以想像成：有個醉漢在一條非常長的直線道路上，隨機前後移動。簡單的模型會設想成，醉漢每分鐘丟一次公平硬幣，正面向前走一步、反面向後走一步。

我們可以稍微想一下，獨立性在這個模型中的表現方式。醉漢連續的丟硬幣結果確實各自獨立，但是連續的位置並非獨立。如果醉漢移動多次後，累計向前走了 50 步，則幾分鐘之後，醉漢很可能還在這個位置附近。根據規則，醉漢明顯無法在 50 分鐘內回到出發位置。換句話說，醉漢目前位置的資訊提示了我們醉漢未來可能的位置。然而，隨著預測愈來愈遙遠未來的位置，這項資訊的價值也會不斷降低。

位置反映了丟硬幣的部分記憶：如果整個丟硬幣過程皆以相同方式重複一次，則醉漢最後仍會停留在相同地方。但其實我們不需要知道先前所有丟硬幣過程，只需要知道總共丟出幾次正面和反面，就能得出醉漢最後的位置。如果知道醉漢現在的位置，我們只需要知道丟硬幣的結果，就能確定醉漢的下一個位置。

醉漢走路就是一個馬可夫鏈（Markov chain）的例子，馬可夫鏈以俄國數學家馬可夫（Andrey Markov）的姓氏命名，馬可夫在二十世紀早期正式定義了馬可夫鏈。馬可夫鏈是一種隨機模型，擁有有限記憶，也就是說，雖然任何時間的位置都會影響下一個位置，但每次移動都與上一次移動獨立。

馬可夫鏈模型在許多情境中，都非常好用，最經典的例子就是金融應用。研究股價、匯率或其他金融數字圖時，常常都會看到「蠕動」的折線，如同在第 3 章〈對數刻度下的指數成長〉看到的道瓊工業指數資料。這些線圖軌跡似乎會不斷上下移動、經常改變方向，但長期來看，又會朝特定方向移動。

此外，無論觀察的是一天或一年的股價變化，都會看到類似的蠕動結構。數學家稱此為尺度不變（scale-invariant）特性，這意味著股價是一種碎形，就像是 1980 和 1990 年代，圖形設計師畫出的大量色彩鮮艷的曼德博集合（Mandelbrot set）。

布朗運動 —— 模擬股價的優秀模型

有趣的是，這類蠕動尺度不變的行為也出現在抽象的數學物件 —— 布朗運動（Brownian motion）中，布朗運動和馬可夫鏈都屬於同一類過程。這種特性也促使人們使用布朗運動，來建構股價模型。布朗運動是著名的布萊克－休斯公式（Black-Scholes formula）的一項假設基礎，布萊克－休斯公式用於定價買權（call option）和賣權（put option）這類衍生性金融商品的公平價格。買權的持有者有權利但無義務，在未來約定的時間點，以約定價格購買股票；而賣權持有者則同樣有權利但無義務，在未來約定的時間點，以約定價格賣出股票。選擇權基本上類似保險，保護投資人避免受到股價大幅上漲或下跌的波動影響。布萊克－休斯公式在 1997 年獲得諾貝爾經濟學獎，這個公式讓我們能夠量化這類保護機制的價值，類似於瞭解制定公平保費的標準。

然而，我必須強調一點，雖然布朗運動是模擬股價的優秀模型，但無法幫助我們預測股價的短期走向，讓大家賺大錢。基本上，布朗運動模型告訴我們，未來某時間點的股價可能分布情況會呈現第 5 章〈隨機散布的資料〉提到的某種鐘型曲線分布；然而布朗運動並無法告訴我們，股價最後會落在合理價格範圍中的哪個確切價格。

事實上，身為一名熱愛對數刻度的數學家，我必須盡責告訴大家，布朗運動建構的是「股價對數」的模型，而非股價本身的模型。這應該不會太讓大家意外。還記得在第 3 章〈對數刻度下的指數成長〉中，我們發現金融資產的價值會按照複利成長，也就是說，指數成長會是最自然的模型，因此在對數刻度上繪製金融資料會是較佳選擇。

指數成長也是思考投資報酬的正確方式。投資 1,000 英鎊在從 1 便士漲到 2 便士的股票，與投資在從 10 英鎊漲到 20 英鎊的股票，兩者的獲利並無差異。真正影響報酬的是股價上漲或下降的乘法因子（multiplication factor），也就是說，對數刻度才是用來測量股價的正確刻度。許多金融網站也提供了對數刻度圖的選項讓投資客參考。

網路中的隨機漫步

事實上，除了以上提到醉漢在簡單直線上隨機漫步外，也可以考慮在更有趣的空間，使用更複雜方式移動的隨機漫步。

例如，想像一枚騎士在空盪盪的棋盤上隨機移動。騎士的移動方式為 L 型，也就是朝任意方向前進 2 步後，再橫走 1 步。騎士位在棋盤正中央時，可以移動到 8 個可能格子中的 1 個，但如果位在棋盤邊緣或角落，則能走的格子會變少。

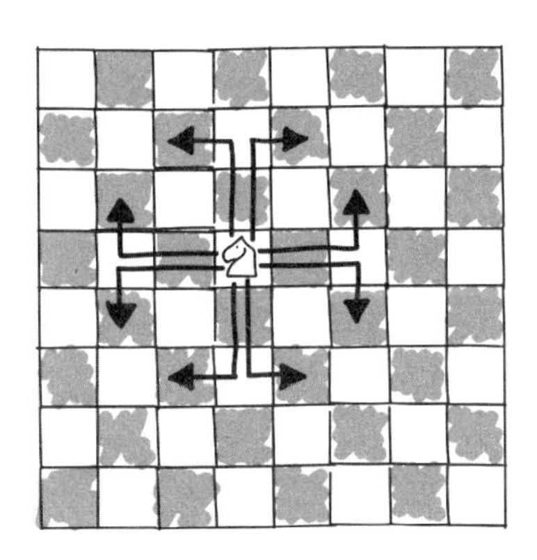

首先，假設騎士每次移動時，都會列出能夠移動到的位置，然後隨機選擇一個，而選擇每個位置的機率皆相等。我們可以追蹤騎士的移動路徑，並且研究長期之下，騎士在各個位置的停留時間，例如，我們可以如同追蹤足球員在球場上的活動軌跡般，繪製騎士停留在每個格子時間比例的「熱圖」（heat map）。

騎士移動過程又是另一個馬可夫鏈的例子。如同醉漢走路，騎士的下一個位置僅取決於騎士目前的位置，以及隨機選擇的移動方位。如果要瞭解騎士移動的過程，則需要引進另一個數學物件，正式名稱叫做「圖」（graph），但是因為我一直以「圖」來稱呼二維的資料繪圖，在隨機漫步的情境中，我會改用「網路」（network）來稱呼這種圖。網路中，會包含許多節點（vertex），並使用邊線（edge）連接。

網路是呈現棋盤的抽象方法。每個節點皆對應到棋盤上的一個格子，每一條邊線則會分別連結兩個節點，對應騎士可以合法移動的路徑。如果使用完整的 8 × 8 棋盤，則可以繪出含有 64 個節點和許多錯綜複雜邊線的網路（隨後便會看到這張網路圖）。為了說明方便，這裡先使用 3 × 3 的棋盤對應的簡單網路圖來做示範。我在各節點上標示了棋盤格子的坐標。請檢查看看，所有騎士可以合法移動的路徑，皆已在網路上使用邊線標出。

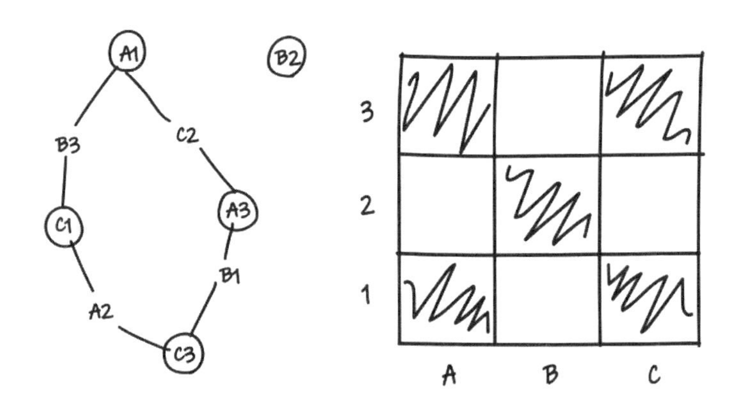

大家會注意到，使用網路呈現 3 × 3 棋盤，可以將棋盤簡化為圍成一圈的 8 個節點，外加一個代表中間格子 B2 的節點——這意味著，實際上沒有任何合法的移動方式，可以到達或離開 B2 節點。網路中，我將黑色格子圈起來表示，強調實際上每次騎士移動時，都必須從白色格子移動到黑色格子，或者從黑色格子移動到白色格子。

這張網路圖清楚呈現出，在 3 × 3 棋盤上隨機漫步的騎士，能夠做出的移動選擇。騎士可以順時針或逆時針在環圈上移動，基本上是以類似丟公平硬幣的方式做決定，例如正面順時針走、反面逆時針走。如果知道騎士目前的位置，則只要知道丟硬幣的結果，就能夠知道騎士下一步的位置。如果想要知道騎士十步後的位置，則需要知道對應的十次丟硬幣結果。

值得注意的是，因為騎士可以在網路上朝任一方向移動，所以這個網路的邊線為「無方向性」（簡稱「無向」）。如果棋子改為只能向前移動的士兵，則對應網路的邊線為「有方向性」（簡稱「有向」），也就是只能朝單一方向移動，邊線會加上箭頭來表示。一般來說，隨機漫步研究的通常是無向網路，但是有向網路在某些建模情境下也十分重要。事實上，第 2 章〈在合理範圍內估算〉就已經提到，傳送和接收電子郵件的不對稱性，是瞭解電子郵件傳送動態的關鍵。

另一個有向網路的例子就是推特，「X 追蹤 Y」並非對等關係，並不代表「Y 也追蹤 X」。最極端的例子就是川普的帳號，在他的 @RealDonaldTrump 帳號遭刪除之前，川普追蹤了 51 個帳號，但卻有接近 9 千萬人追蹤川普的帳號。我們可以想像資訊在網路上傳播，由於這種不平衡的訊息傳播方式，造成了重大的不對稱性。

如果我想要傳送一則訊息給川普，則我的推文必須由追蹤我的人轉推，並依序由網路中的其他人轉推，直到轉推到川普追蹤的 51 個帳號之一，只有這 51 個帳號轉推文章，才能讓川普有機會看到我的推文。但反過來看，如果川普發了一則推文，則會因為我追蹤了很多可能會轉推川普推文的人，他的推文幾乎無可避免會出現在我面前，當然，有可能還多了幾句負面評論。

回到 3×3 棋盤的例子，如果騎士從 8 個格子的其中一個格子開始（也就是從環形網路 8 個節點的其中一個節點開始），遵循隨機漫步規則移動，則在騎士出現位置的熱圖中，這 8 個格子的顏色深度會漸趨一致。雖然騎士會以某種模式出現在各個格子上，例如騎士必須輪流在黑白格子間跳動，但是平均之後，並不會影響出現在各個格子的時間比例。

換句話說，騎士最終平均花在這 8 個節點的時間比例會相同。這個結論可以透過數學來證明，但基本上是因為網路圖的對稱特性造成了此結果。在數百次移動後，騎士將會忘記出發的位置，因此大致上會有相同機率處在任意狀態。這狀況非常類似第 5 章〈隨機散布的資料〉提到的大數法則，丟硬幣的隨機性會隨著實驗次數增加，逐漸互相抵消。

有趣的是，使用第 9 章〈資訊就是力量〉向農的熵值概念，也能夠理解上述說法。如同丟一枚公平硬幣，每種狀態出現的機率相等，正是熵值最大的狀態，此時最難預測騎士所處位置。其實可以使用以下的理由來解釋：資訊理論中的熵值，會隨著更多隨機性引進系統中而增加；正如同熱力學中的熵值，根據熱力學第二定律，也會隨著時間經過而不斷增加。這或許會讓大家感到訝異，但是從上述理論來看，騎士長期下在每個位置停留的時間相等，符合第 5 章提到的中央極限定理。（這些問題是我第一篇發表的數學研究論文的主題，但因為有些偏離本章主題，很可惜無法在此更深入探討。）

任何在這類無向網路上進行的隨機漫步，都會出現此特性。

而一個節點連接的邊線數量，稱為該節點的分支度（degree）。在 3 × 3 棋盤例子中，圓形網路上 8 個節點的分支度皆為 2。數學證明指出，長期之下，騎士隨機漫步停留在任何一個節點的時間比例，相當於節點分支度所占總分支度的比例。（有一個絕佳論證可以證明這個論點，但證明方式涉及拍攝每一次移動、以及倒轉播放影片，如果要在這裡說明，有些過於複雜。）由於每條邊線都有兩個端點，因此總分支度就等於網路中邊線數量的兩倍。這代表長期來看，騎士停留在特定節點的時間比例，等於該節點分支度除以總邊線數量的兩倍。

在標準的 8 × 8 棋盤上，因為中央的 16 個格子各有 8 個騎士可能的移動路徑，但角落的格子卻僅有 2 個可能的移動路徑，所以隨機漫步的騎士停留在任何一個中央格子的時間，會是任何一個角落格子的 4 倍。

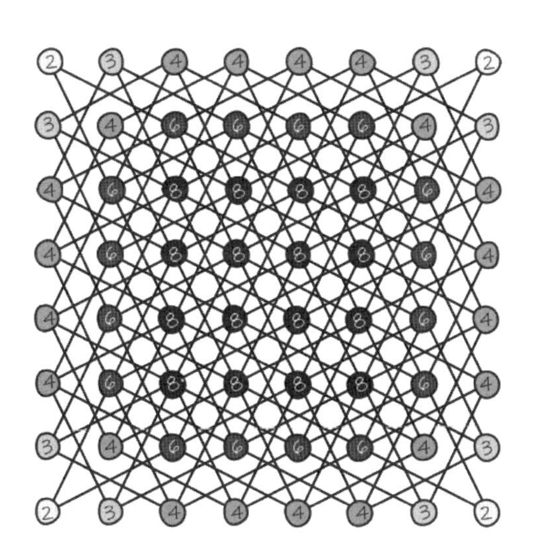

由此可見，即使遵循相對簡單的規則，隨機漫步的長期行為也可能更多變，而且並非均勻分布。相較於較少連結的格子，騎士有更高機率停留在較多連結的格子。

網頁排名，六度分隔

隨機漫步的騎士，會花更多時間停留在較多連結的節點上，這概念正是網頁排名（PageRank）演算法的核心概念。PageRank 演算法於 1998 年發布，是驅動原始 Google 搜尋引擎的關鍵演算法。PageRank 由谷歌創辦人佩吉（Larry Page）和布林（Sergey Brin）開發，兩人想到了網路瀏覽者是利用隨機連結探索網際網路。網路瀏覽者類似隨機移動的騎士，會花更多時間在較多連結、高價值的節點上。

事實上，並非獲得許多其他網站連結的網頁，就是高價值網頁，還必須考慮連結進來的網頁本身是否具有價值，例如，網頁獲得 BBC 連結，就比獲得垃圾網頁連結，更有價值。佩吉和布林發現，一個網頁和其他網頁的連結程度，暗示了網頁的可信賴度評價，他們清楚瞭解，應該要提供高評價網站做為搜尋結果。自此之後，谷歌與想要利用搜尋引擎最佳化技巧迷惑 PageRank 演算法的人，就一直不斷鉤心鬥角。雖說如此，數學的隨機漫步概念仍然一直都是 Google 搜尋的核心。

前面提到的棋盤已經完整連結，即使騎士從連結最少的角落位置出發，也能夠在 6 步之內，到達 8 × 8 棋盤上的任何其他格子。數學家會提出此網路的「直徑」（diameter）為 6，網路的直徑可以對比到圓的直徑，代表任意兩節點之間的最長距離。將 3 × 3 的棋盤畫作圍成一圈的節點，也是類似狀況，圖中（見第 238 頁）可以看到，從任何一個節點到任何其他節點，最多只需要 4 步，因此 3 × 3 棋盤網路的直徑為 4。

藉由計算網路中節點距離步數來測量節點距離的概念，源自於「貝肯的六度分隔」（Six Degrees of Kevin Bacon）遊戲。遊戲中，與演員貝肯出現在同一部電影的演員，貝肯數（Bacon number）為 1，而與貝肯數 1 的演員共同出演同一部電影的演員，貝肯數則為 2，以此類推。其他情境下，也出現了類似概念，例如，基於一起下過國際象棋而產生親疏關係的莫菲數（Morphy number）、基於共同發表過數學論文而與數學大師關係遠近的艾狄胥數（Erdős number）。以我個人為例，我的艾狄胥數是 3，莫菲數應該很大，而貝肯數可能是 4（取決於共同出演的具體定義）。

無論是上述哪個數字，皆利用尋找與感興趣節點的最短距離而得出，各自感興趣的節點分別為：貝肯數是美國演員貝肯、莫菲數是十九世紀國際象棋冠軍莫菲（Paul Morphy）、艾狄胥數是發表過多篇論文的匈牙利數學家艾狄胥（Paul Erdős）。

值得注意的是，很多演員的貝肯數皆為 6，但這與網路直徑為 6 的概念並不完全相同。有可能兩位演員的貝肯數皆為 6，但兩人之間的最短距離必須經過演員貝肯本人，因此連結兩位演員需要經過 12 步。雖說如此，如果每位演員的貝肯數都在 6 以下，則演員網路的直徑必定在 12 以下。

而更有趣的問題是：如果有某些節點無法進入，會發生什麼事呢？我們可以想像成棋盤上少了一些格子，或者己方的棋子已經占據了這些格子。

在電腦網路的抽象模型中，這種狀況代表某臺電腦已損毀，我們必須重新擬定資訊的傳送路徑，避免經過壞掉的電腦。例如在 3 × 3 棋盤的例子中，如果想要從 A3 走到 A1，利用環形圖可以看出需要 2 步。但如果移除了 C2 格子，就只能大老遠繞路，需要 6 步才能走到。

移除網路中的一小部分節點，可能會對連結效率造成重大影響。例如，若是貝肯和他所有拍攝過的電影全部消失，很可能許多演員之間的最短連結距離會大幅增加。我們當然不希望能有效傳播資訊的電腦網路中有某些電腦損毀，造成連結性降低。

另一方面，接下來很快就會討論到，隨機漫步也能建構疫情傳播模型，其中各個節點會對應到每個人。在這種情況下，移除節點（例如透過疫苗接種）讓疫情無法透過這些節點來傳播，反倒是好事。

無論是哪種狀況，數學家研究各種網路在節點損壞時的韌性都十分具有意義。數學家甚至開發出特定方法，例如測量韌性的奇格常數（Cheeger constant），來呈現網路是否存在「瓶頸」（有很多路徑通過的節點）。奇格常數可告訴我們，資訊或疫情在網路上傳播的速率快慢，以及熱圖達到最終平均狀態的速率。

雖然目前說明的都是醉漢採取各種行動機率都相同的隨機漫步情境，但實際上還有更通用的馬可夫鏈網路模型。這類模型基本上會對應到丟偏差硬幣來決定下一步往哪走。事實上，上述大部分的理論也都能應用在通用模型中，藉此便能瞭解醉漢位置的長期熱圖長什麼樣子。

排隊網路

另一個我們感興趣的馬可夫鏈類型，就是排隊網路（queuing network）。二十世紀早期，丹麥科學家厄朗（Agner Krarup Erlang）為了瞭解哥本哈根電話局的運作特性，開始著手研究排隊網路的數學。排隊模型可以模擬各類服務過程，包含透過路由器在網路上傳送的資料封包服務。排隊模型有些複雜，但我們可以利用簡單版本進行討論：模型中只有單一隊伍等待服務，例如，郵局服務窗口的排隊隊伍。

改變隊伍長度的方式有兩種。第一，客人在隨機時間加入隊伍，排到隊伍最後面。第二，最前面的客人獲得服務後離開。客人按照先來後到的順序，一個接著一個得到服務，而服務所花費的時間，稱為服務時間，是一個隨機數值。值得注意的是，如同本章一開始提到的醉漢走路，排隊模型形成了馬可夫鏈：若要知道下一個時間點隊伍的長度為何，只需要知道隊伍目前的長度，以及在最後的時間點是否有客人加入隊伍、或獲得服務後離開。

然而，即使是這個簡單模型，也有一些有趣的特色。如果平均來說，客人加入隊伍的速率大於窗口服務的速率，則隊伍長度終將失去控制，因此討論時會假設不會發生這種狀況。但即使客人加入隊伍的平均速率小於服務速率，在短時間內，隊伍也可能恣意變長。

我們可以想想看隊伍長度的熱圖：隊伍中一個人都沒有的時間比例是多少，只有一個人的時間比例又是多少……等等。結果顯示，正好有一種方式可表達排隊模型的長期特性，那就是幾何分布（geometric distribution）。幾何分布顯示，隊伍中客人超過 L 人的時間比例，隨著 L 增大而呈現指數減少。然而，隊伍仍有可能暫時變得非常長，要等到服務過程消化排隊人潮後，才會回到可控的長度。

排隊模型有超多種不同版本，客人加入隊伍和服務時間的隨機性，各有不同定義方式，諸如：有多個服務窗口、排隊規則不同、客人可能離開隊伍，或者客人在一條隊伍獲得服務後，會移動到類似網際網路般的網路中。然而，即使是最簡單的模型，在新冠肺炎背景下，也十分值得討論，特別是應用在規劃醫療照護資源供應的議題方面。

用排隊模型預測疫情數字與經濟數字

瞭解了隨機漫步涉及某種程度的記憶，而非完全獨立的過程後，就可以應用理論，協助我們瞭解疫情傳播相關的各種面向。隨機漫步最明顯的，就是出現在每日報導的新冠肺炎確診人數，這個數字的行為受到某種程度的記憶影響。

記憶會造成影響的原因，基本上是因為染疫人數的變化為逐步進行。我們可以設想，每個人的染疫時間為固定天數，例如 10 天。確切的時間並不重要，而且也取決於實際使用的染疫時間定義，可能的定義包含：出現症狀的時間、具感染力的時間、PCR 檢測為陽性的時間等等。

無論如何，大致上，某一天的染疫人數會十分接近前一天的染疫人數。某些未染疫的人會染疫，而某些染疫的人會康復，但對於已經染疫 1 天到 9 天的人來說，並不會有狀態上的變化。平均而言，我們可以設想這代表 90% 的染疫群體，在前後兩天之間狀態並沒有改變，因此染疫人數的變化僅取決於：新染疫的人數與痊癒的人數之間的差異。這整個過程的行為模式，是不是很類似前述簡單版本的排隊模型？

如同先前所說，目前沒有任何方法可以直接測量實際染疫人數。而我們所看到的疫情數字，例如確診人數、住院人數和死亡人數，皆取決於染疫人數多寡。雖然確診、住院和死亡的時間和實際染疫的時間可能有落差，但仍和染疫人數緊密相關。由於有一定比例的染疫者會檢測出陽性、住院或死亡，而且在短期內，這些比例的變化應該不會太大，因此每天的確診、住院和死亡人數都會受到染疫人數影響，這某種程度上是能夠預測的。

由於整體染疫人數和公布的疫情數字，兩天之間變化通常不會太大，因此合理的初步猜測就是：每天的數字會十分接近前一天的數字。我會在下一章〈搞懂測量方法〉討論到可能影響數字的其他波動，包含受到星期效應影響的某些因素，但目前這個初步模型已經超乎預期的準確了。如同醉漢走路模型，得知這些疫情相關數字的目前數值，至少在短期內，能夠提供我們足夠資訊去預測未來數值。

這類現象也可以在其他時間序列中觀察到，例如公開發布的經濟數字。經濟數字可以類比染疫人數，也能夠使用多個基本變數，來概括描述整體經濟健康狀況。大部分的變數很可能變化緩慢，但有時會出現很嚴重、且出乎意料的極少數黑天鵝事件，例如 911 恐怖攻擊。

基本變數並無法直接觀察，但可以利用公開發布的數字，例如失業率、通膨率和經濟成長率，間接觀察到這些基本變數的狀況。但仍須謹記在心，如同新冠肺炎疫情數字，公開發布的數字並不完美，這些數字除了包含我們真正想要監控的基本變數資訊外，還會摻入許多雜訊和延遲。然而，雖然公開發布的資料中摻雜著不確定性和雜訊，但並不代表這些資料毫無價值。反而我們應該隨時銘記不確定性的存在，並且嘗試綜觀全局，而非僅根據部分資料就妄下定論。

爆紅——病毒式傳播

網路上的隨機漫步模型，在瞭解資訊傳播或疫情傳播狀況時極其實用。思考社交媒體間的連結時，可以將推特使用者視為網路上的節點，而如果其中一人追蹤另一人，就可以用邊線來連結兩個節點。如前所述，我們認為推特是一個有向網路，所以會使用箭頭來表示追蹤狀況。我們可以視覺化呈現威爾柯森知名的雞塊推文在推特網路上「爆紅」了，推文從某個節點出發，接著沿著邊線箭頭的方向傳播到新節點，然後再由更多轉發者轉推到更多新節點。

事實上，推特許多新機制的設計方向，都是為了讓某些推文以上述方式爆紅。例如，如果某則推文達到一定熱度，就會進入流行趨勢主題清單。然而很明顯的，不同的人對於特定貼文的傳播幅度大不相同，例如，如果有數百萬以上追蹤者的某人轉推文章，則這則推文馬上就會被許多人看到，而其中又會有很多人轉推文章。因此，特定使用者決定是否按下轉推按鈕，影響將會十分重大。極有可能在另一個平行宇宙中，根本沒幾個人看過威爾柯森的雞塊推文，他也完全沒機會拿到免費雞塊。

我們會使用「爆紅」或「病毒式傳播」（going viral）來描述一則訊息在社群媒體上大幅傳播。「病毒式傳播」這個類比十分貼切。事實上，使用與「資訊在社群網路上傳播」完全相同的方法，也可以建模說明疫情在人群間傳播的狀況。雖然人與人的日常連結，並不像推特追蹤者那樣定義明確且容易釐清，但還是可以使用類比方法，設想人類群體網路。我們同樣將個人視為組成網路的節點，並且將時常接觸的兩人之間，使用邊線連結。在這種情況下，由於面對面接觸屬於雙方互動，與推特上追蹤他人的狀況不同，因此將這類網路視為無向網路，可能較為合理。

新冠肺炎在人際網路間傳播，可以想像成類似騎士在棋盤上隨機漫步。病毒從零號病人（patient zero，某個人群中的第一個病例）出發，並在社會連結之間隨機移動。病毒傳播模型與騎士模型不同之處在於，一名染疫者可以傳染給很多人。嚴格來說，這稱作「分支隨機漫步」（branching random walk）。雖說兩者不完全相同，許多相同特性依然可以套用。

舉例來說，每個人接觸的人群數量可能不同，而接觸最多人的個人，更有可能對整體病毒傳播速率造成重大影響，這類人通常稱為「超級傳播者」（super-spreader）。正如同騎士會在連結最多的格子上停留最長的時間，連結愈多人的人也愈有可能在早期染疫。

事實上，網路會不斷隨著病毒傳播而發生變化。假設人們無法染疫兩次的話，一旦染疫者獲得免疫後，這個節點就會像路障一樣阻擋病毒傳播。如前所述，擁有高分支度的節點（連結較多人的個人）更可能早期就染疫，而這些人離開網路後（隔離、住院或免疫），將會截斷較多傳播路徑。相較於傳統流行病模型的觀點，網路模型樂觀預測群體免疫閾值將會更低。

然而，如果單純將病毒傳播想成網路上的均勻隨機漫步，則準確度很可能不如預期。首先，人與人之間的接觸深淺程度並不相同，例如，大家每天接觸的同住者，相較於每天早上買咖啡時接觸的店員，影響程度要大得多。

某種程度上，採用基本數學模型就可以解決這個問題：除了使用邊線連結人群外，還可以在邊線上標出數字，反映人與人之間的接觸頻率，並且假設病毒有更大機率在數字較大的邊線上傳播，也就是說，病毒選擇不同連結來移動的機率並不相同。

然而，認為每個人的接觸網路固定不變，並不切實際。雖然人們可能有一些固定見面的核心接觸人群，例如室友、朋友和同事，但也會不斷和不同人群接觸，這些都可能會強化病毒傳播，例如酒吧員工、公車司機，甚至超市隊伍中排隊的人。這些素昧平生的路人可能只會接觸到一次，因此要在網路中呈現所有這些接觸，將會極其困難。所以，抽象數學模型可能過於簡化，無法完全解釋病毒傳播狀況。縱然如此，數學模型確實有助於我們瞭解病毒傳播。

醫院資源排隊模型

分配醫院資源的過程，也可以對比到排隊網路模型。例如，分配病人病床類似郵局排隊，差異在於有多名人員服務客人。

在醫院的情境下，每張病床對應到一名服務人員，病人會占用病床一段長短未定的時間，直到出院為止。每位病人會在隨機時間來到醫院。理想上，我們會希望保留一些空床，這樣任何時候只要病人有需求，醫院都能立即提供床位。當然，因為每張病床的狀態並非完全相同，還是會存在一些其他限制，例如，蘇格蘭亞伯丁市的病人並無法使用英格蘭康瓦爾郡的空病床，而且病床也需要搭配護理師、照護員等人力資源，才能確保有效使用。但以郵局排隊模型做為簡單的初步模型，已經足夠實用。

在理想狀況下，每位病人使用病床的時間長短雖然隨機，但一般病人住院的總時數，幾乎都差不多。也就是說，我們會希望有足夠床位提供給病人，讓病人使用到痊癒為止。病人允許使用病床的時間，並不會受到病床需求高低的影響。實務上，如果病床供應緊張，我們可能會一定程度縮短每位病人的住院時間，但很可能依然會維持每位病人所需的最短住院時間。因此，理論上可以想像有一個隨機流程，決定了每位病人的住院時間，這相當於排隊模型中的服務時間。

在這個假設前提下，就能思考隨著病人數改變，隊伍的行為會出現什麼變化。基本上，隨著醫療照護的需求增加，最終病人的入院速率會大於出院速率。在疫情指數成長的情境下，需求在某個階段將無可避免超越供給，意味著在某階段，病床將不敷使用，而隊伍長度會開始變長。這代表無可避免的，某些病人會因為缺乏治療而導致嚴重健康問題，甚至死亡。

然而值得注意的是，正如同前面提到的郵局排隊例子中，單一隊伍也可能會隨機變長，在最糟的情況下，即使入院速率低於平均出院速率，波動仍然可能造成病床暫時短缺。例如，一間醫院中的多位病人，可能同時隨機出現超乎預期長的住院時間。整體來說，根據大數法則，整個醫療照護系統過長或過短的住院時間會互相抵消。但如果考慮的是特定醫院中，相對數量較少的某類型專責病床，則短期間內多位病人住院時間過長的狀況，將會造成醫療照護資源管理上的重大問題。

我們也可以利用這個架構，瞭解其他資源競爭情境。例如，在電腦網路中與獨立個人電腦處理器中的數據路由傳送，都受到相同原則影響，並且可採用相同方式來研究。還有一個大家更熟悉、排隊理論能夠提供洞見的例子，就是道路交通管理。大家一定都曾塞在車陣中，塞車是因為道路提供的承載量不足以滿足想要開上道路的汽車數量，這可以對應到客人加入隊伍的速率超過服務速率。

另一方面，藉由分析道路網路，就有可能深入瞭解某些相關的現象。譬如在學校放假、整體交通流量小幅減少時，反而會導致道路車流量大增（此時，整體車流量並未達到道路承載量的臨界值），有可能出現布雷斯悖論（Braess's paradox）這類出乎意料的結果。布雷斯悖論提出，在網路上加上一條新的道路，有可能會造成網路上其他瓶頸處的需求提高，進而降低整體車流速度。這類效應已經在許多國家中實際觀察到，因此必須考慮相關的數學理論，確保不會發生多建了一條道路，反而造成通勤時間增加的狀況。

結論

擁有「有限記憶」的隨機模型，是十分有價值的分析工具。而根據目前狀態的資訊進一步演變的過程，更是許多事物的自然現象，包括隨機漫步、布朗運動、以及網路上的隨機漫步等等。這些馬可夫過程能讓我們更清楚瞭解股價變化、每日疫情數字、排隊、以及網路上的病毒式傳播等行為，無論虛擬或實體的傳播現象，都能予以解釋。

課後作業

大家下次到郵局或 IKEA 家具店時，可以試著觀察排隊行為來進一步探索本章提出的概念。大家也可以嘗試追蹤股價變動，觀察股價波動行為是否符合布朗運動模型。事實上，布朗運動僅能概略描述股價波動行為，如同在第 5 章〈隨機散布的資料〉中所討論，股價波動可能會遠比布朗運動劇烈，在出現利多或利空時，很可能會出現跳空上漲或跳空下跌。

大家也可觀察地毯或草坪哪些地方磨損嚴重或特別凌亂，來思考熱圖和交通流量的概念，這些地方對應到高流量的區域，往往會是最多連結的地方。大家是否發現連結對流量的影響了呢？至於在人際網路，大家能找出自己的梅西數（Messi number）嗎？也就是從和你踢過足球的人一路算下去，需要經過多少步，才能連結到阿根廷足球名將梅西呢？如果大家是音樂人的話，則可以算算看自己的安息日數？也就是需要經過幾步同臺表演的連結，才能連結到英國搖滾樂團「黑色安息日」（Black Sabbath）的其中一名成員？

第 11 章

搞懂測量方法

留意測量單位

1998 年，從地球出發已航行九個月半、斥資 3.28 億美元打造的火星氣候探測者號（Mars Climate Orbiter）任務，慘遭失敗。失敗的原因是洛克希德·馬丁公司（Lockheed Martin）的軟體採用英制的磅力秒（pound force-second）做為衝量單位，但美國航太總署的軟體預設使用公制的牛頓秒（Newton-seconds），導致軟體計算的軌道出現錯誤。

2021 年 2 月，英國記者索普（Liam Thorp）由於他的身高 6 英尺 2 英寸（約 188 公分）被誤記為 6.2 公分，導致計算出的 BMI 高達 28,000，被納入高風險疾病肥胖族群，因此很早就收到新冠肺炎疫苗接種通知。

1984 年，傳奇搖滾樂團「刺脊」（Spinal Tap）本來要利用 18 英尺（約 5.5 公尺）高的巨石陣模型在舞臺上表演，不料道具組卻搞錯，準備了 18 英寸（約 45 公分）高的模型。

這些故事看起來都極其荒謬，不像是真實發生的事，而三個錯誤其實都是因為搞錯測量單位所導致。紀錄和發布測量數字這個主題似乎頗為無趣，但這類錯誤往往會造成嚴重後果，因此值得我們進一步探討。

人們通常會認為，政府發布的統計數據完美且一致，提供我們世界狀態全面完整的資訊。然而，在不同時間和不同國家，測量事物的方法存在極大差異，而且許多資料明顯存在季節效應，因此我們必須謹慎看待資料。

我們已經十分習慣採用一致的測量方法。多年來即使是極小的單位，都已訂定了科學實驗使用的標準國際單位制（SI unit），藉此確保全球實驗室都能參照相同的長度單位（公尺）和質量單位（公斤）。大家手上應該都有一些測量工具，實際長度和理想測量單位十分接近。例如，教室裡的 1 公尺長木尺，可能已飽經多年磨損，但我們仍認為木尺的長度約為 1 公尺。如果要計算教室相當於幾把木尺長，藉此測量教室大小，我們並不期待能夠得到與高精準度雷射測量結果相當的準確答案，但仍然可以合理期待，木尺的測量結果十分接近正確答案。

此外，由於誤差會隨機出現，例如，每次都沒有將木尺放在正確位置，可能過於靠前或靠後，因此根據大數法則，我們認為連續誤差之間會有一部分互相抵消，就如同費米估算例子中的狀況。換句話說，我們並不認為會出現系統性誤差（systematic error，測量時，所有觀測值全部高估或全部低估）。

然而，如果我們在教室的櫃子後方，拉出一把老舊的 1 碼長量尺，並將量尺當作 1 公尺長來測量教室大小，理所當然測量出的結果不可能正確。1 碼（約為 91.4 公分）比 1 公尺短，因此我們會預期，如果根據教室相當於多少把量尺長，每把當作 1 公尺來測量教室大小的話，結果會比真正的長度還要長約 10%，這就是系統性的一致誤差。

值得注意的是，實際使用這把量尺評估物體大小，並非毫無意義。例如，如果想要評估某件設備能不能放進教室，使用同一把量尺來測量設備和教室大小，就能得到具有參考價值的答案。

然而如果想要確定兩間教室哪一間較大，如果一間使用 1 公尺長的木尺測量，另一間使用 1 碼長的量尺測量的話，顯然很可能得到錯誤資訊。

但至少這兩種測量方法，在一段時間內的測量結果會呈現一致。我的意思是，如果使用相同工具，連續幾天測量相同教室的話，可以期望每天測量出的結果大致上差異不大。我們可以設想一些很糟糕的狀況，例如，量尺長度每天都會伸縮，或者平日和週末使用不同的量尺來測量。這些假想情形似乎不太可能發生，但我們卻發現，新冠肺炎的資料常常出現類似的怪現象。

向農的前同事漢明（Richard Hamming）就曾提出測量的一個重點：「人們往往傾向於採取硬性測量方式，認為這可以得到很確切的結果，即使這結果和軟性測量結果毫無關聯，而軟性測量結果長期來說，很可能更符合你測量的目標。人們常混淆了測量的準確度（accuracy）和測量的關聯性（relevance），混淆程度超過大多數人的想像。一項測量很準確、可重複、容易實行，並不代表就一定要採用這種方式測量。反而準確度較低、但更符合測量目標的測量方式，可能更值得執行。」

漢明早在當時，就提出了現代大數據（big data）的概念，大數據時代中，各種現象的大量資料都能夠使用便宜的感測器測得，並且使用無所不在的高速無線網路發布，然後儲存在現代電腦中進行處理。即使到了現在，漢明的結論依然完全正確：我們「能夠」測量某些事物，並不代表我們「應該」測量這些事物。

相較於同時考量所有指標，在正確時間找到正確指標，才是最重要的事。我在第 5 章〈隨機散布的資料〉提到的阿斯頓維拉對戰利物浦的足球比賽中，費盡心力的統計和分析指出，阿斯頓維拉的控球率僅有 30%。但任何會算術的人都可以一眼看出更重要的指標：阿斯頓維拉在比賽中得 7 分，而利物浦僅得 2 分。

一般來說，大家不應該誤以為準確度高、但關聯度低的測量結果，能夠比關聯度高、但僅為近似值的結果，提供了更多有用的資訊。例如，引用期望進球數到小數點以下兩位，可能會讓人覺得十分科學且精確，但實際上，期望進球數 3.08 與期望進球數 3 的隊伍，基本上難以看出差異。

當心假性趨勢

我們追蹤資料的目的，就是為了想要解釋數字的涵義。例如在大選前夕，某些人押注了特定政黨或候選人勝選，因此他們往往就會說服自己，民意調查結果存在某種模式或趨勢。但這通常都只是隨機波動造成的結果罷了。

金融領域也常會觀察到類似現象。如同在第 10 章〈漫步、排隊和網路〉中提到，最自然也最符合股價變化的模型就是布朗運動。布朗運動可以看作丟獨立硬幣的一系列結果，類似醉漢走路，漲跌機率相等，移動距離也對稱。這意味著，如果股價真的可以用布朗運動來模擬，基本上就完全無法預測。即使如此，仍有一大群「線仙」在追蹤股價資料線圖，試圖找出特定模式，並且進行預測。然而，目前並無法證實這是有效的策略。

其中一個問題在於，正如同人類並不擅長寫出隨機數字，人類也不擅長判斷數字是否真的是隨機產生。例如，假設我們看到有人提供了一組聲稱是實際丟了 200 次硬幣產生的結果，我們可能會指出其中有連續 7 次出正面，足以證明硬幣並不公平，或者各個結果間並非獨立產生。然而，結果中出現連續 7 次正面，才真的是丟 200 次硬幣預期會出現的隨機結果。事實上，如果沒有出現連續 6 次或 7 次正面，才真的更可疑。

還有一個類似現象，說明看似巧合的現象，其實發生機率遠比人們所認為的還要高，那就是「生日問題」。假設一間房間中有 23 個人，則約有 50% 的機率，其中兩個人會是同一天生日。如果房間中有 40 個人，機率會上升到 90%，如果有 60 個人，機率會超過 99%。如此高的機率可能會讓人感到意外，但關鍵點在於清楚瞭解，「巧合」出現的機會遠比你想像的還要多。如果房間中有 23 個人的話，兩兩配對，就有 253 組人有機會同一天生日，也就是說有 253 次巧合發生的機會。如果有 60 個人的話，兩兩配對就能夠形成 1,740 組組合，也就是有 1,740 次巧合發生的機會。

丟 200 枚硬幣也是相同狀況，其中會有 194 組長度為 7 的結果，每一組結果都有 1 / 128 的機率出現連續 7 次正面，因此平均來說，出現 7 次連續正面並不會特別讓人意外。雖然重疊的組別之間並非完全獨立，例如第 1 次到第 7 次與第 3 次到第 9 次的結果並非完全獨立，但如果更仔細分析機率，同樣會算出丟 200 次硬幣高機率會出現 7 次以上連續正面。

一般來說，我們往往會說服自己，圖表中的資料存在上升或下降趨勢，但實際上資料往往只是隨機產生。人們目測判斷能力不足的現象，足以支持以下論點：藉由計算最佳擬合線斜率的信賴區間，才能嚴格檢測是否真正存在相關性。如果信賴區間中包含斜率可能為 0，則最保守的解釋就是資料的最佳擬合線斜率為 0，即資料基本上就是隨機出現，並未存在任何趨勢。

根據相同道理，空間中隨機散布的資料點，某種程度上會傾向於集群（cluster）分布。如果要避免集群分布，則必須將資料點平均散布到空間中，形成規律模式。規律模式並非真正隨機的特徵，但人類並不擅長察覺這一點。

這種現象稱為集群錯覺（clustering illusion），也就是人類會自然而然錯誤推論資料中明顯的結構並非隨機出現。德州神槍手謬誤（Texas sharpshooter fallacy）也是類似的邏輯錯誤。德州神槍手謬誤來自一則古老的故事，故事提到有人先對著牆壁開槍，然後才在子彈集中的位置畫上靶。當然這聽起來十分荒謬，但這個故事說明了一項明確原則，也就是：我們需要先提出科學假設，再利用獨立測量的資料來證明假設，而非直接尋找看似能解釋所觀察到模式的假設。

各國資料的計算基礎很可能不同

雖然我們很自然就會想要比較各國政府應對新冠疫情的效率差異，但進行比較時必須非常小心。具體來說，比較時可能會出現前面討論到的測量問題。雖然使用 1 公尺木尺和 1 碼量尺測量教室，是我刻意設計的例子，但可以明顯看出，不同資料蒐集方式和資料所代表的意義，可能存在明顯差異。

舉例來說，確診資料測量了某一天檢測為陽性的人數，但某些國家相對來說更容易執行檢測任務。醫療機構需要有完善的實驗室基礎設施，加上昂貴的機臺和訓練有素的檢驗員，才能夠處理大量 PCR 檢體。已開發國家相較於開發中國家，更可能擁有完善的實驗室，而即使是歐盟各國之間也都還存在差距。此外，政府政策也會影響民眾接受檢測的難易程度，例如，是否只有出現症狀的人可以接受檢測，或者接觸到確診者的人能否接受檢測等等。

以上所有問題意味著，如果只是簡單考慮確診人數來比較各國疫情，可能無法看清實際狀況。有些人可能會認為，計算死亡人數是比較疫情嚴重程度較合理的方法。但這同樣會因為各國認定標準不同，而造成人們的誤解。某些國家只會將檢測陽性的新冠肺炎病人死亡，計入染疫死亡人數，而某些國家就算是疑似染疫的病人死亡，也會計入染疫死亡人數。

此外，不同時間點也存在極大差異。2020 年夏天，英國將原本「只要檢測為陽性的死亡病人，就計入染疫死亡人數」的標準，改變為兩條並行標準，分別為要在死亡前 28 天內或 60 天內檢測出陽性，才會計入。這項改變意味著發布的死亡人數，一夜間由先前的 42,072 人降至 36,695 人，相差人數達到 5,377 人。

如果光是英國改變認定標準，都能造成如此巨大的影響，導致先前發布的死亡人數中，有 13% 不計入染疫死亡人數，應該就能合理認為，不同國家之間的差異，絕大部分都是由類似效應造成的。正如同第 2 章〈在合理範圍內估算〉提到計算電子郵件數量的問題，計算染疫死亡人數等等疫情數字，可能也沒有唯一正確的方法。如果有人因呼吸問題住院，在住院時檢測出新冠肺炎陽性，而且在醫院使用人工呼吸器五週後死亡，非常明顯應該判定為染疫死亡，但根據死亡的病人所在國家不同，此人可不一定會計入染疫死亡人數。

超額死亡有爭議

此外，由於大家往往會將染疫死亡人數，做為衡量一個國家應對疫情能力的指標，因此部分國家很可能會因為政治壓力，而低報了死亡人數。基於以上種種原因，許多人認為應該採用超額死亡（excess deaths）來比較各國疫情。超額死亡指的是：如果知道正常情況下一週或一年的死亡人數，就能夠比較實際觀測到的死亡人數與正常死亡人數之間的差距。這看似是個不錯的想法，但仍然存在許多問題。

首先，基準死亡人數並非固定且已知的數值，本身就需要先行估算。一般的估算方法為：計算過去五年所發布的死亡人數平均值。然而，每年的死亡人口數可能會有明顯差距，例如，某一週甚至某一年特別炎熱或酷寒的天氣，都可能造成更多人死亡，顯著拉高平均死亡人數。此外，人口高齡化也會造成：就算沒有疫情肆虐，每年死亡人數依然會不斷增加。這意味著，就算是統計學家，對超額死亡數字的解釋也會抱持不同意見。

第二，全國死亡人數的發布方式，各國皆有顯著差異，這意味著在疫情爆發早期，根據超額死亡比較疫情狀況，可能會誤判疫情，超額死亡差異可能只是因為發布上的延遲所導致。即使在英國，由於死亡人數會計入回報當日，而非實際死亡當日，負責登記死亡的戶政事務所在銀行假日（bank holiday，英國和許多國家的國定假日）公休等因素，也會造成各週死亡人數統計差異。

最後，我們並不能將疫情期間所有超額死亡，都視為因新冠肺炎而死亡。縱然有關封城及其造成的影響等爭論，逐漸變得極端和政治化，而封城對人們身心健康的影響依然猶未可知，但封城顯然會間接影響到人們的健康，例如錯失癌症篩檢的人數變多了等等。

如果新冠肺炎造成的醫療資源壓力，導致癌症篩檢或非急需手術等等醫療安排取消，因為這些原因而死亡的病人該不該歸咎於新冠肺炎，目前尚無定論、且極具爭議。當然，這些死亡人數也可能會記錄為超額死亡，因此如果根據超額死亡數字比較各國疫情時，也需要將上述問題納入考量。

星期效應

全球發布的新冠肺炎資料中，最讓人驚訝的事實是：大部分資料似乎都會出現七天循環。狹義來看，週末的狀況和平日的狀況有許多不同，從感染過程開始就有所差異。廣義來看，人們在週末和平日的行為模式也不太一樣。而在進行各國間的比較時，需要注意對穆斯林或猶太人來說，一週的哪一天是週末，可能會和基督教徒認為的不同。

週末或平日，本質上並沒有巨大的風險差異，而隨著人們普遍在家工作，週末和平日之間的差異也愈來愈不明顯。雖然平日人們更可能在尖峰時段搭乘大眾運輸工具，或者在擁擠的辦公室上班，這可能會提高染疫風險；但在封城規定允許的範圍內，人們週末也會從事社交或室內活動，也同樣可能提高染疫風險。

然而我們並非直接觀察染疫人數，而是透過觀察確診人數、住院人數和死亡人數來瞭解疫情，這些數字會受到隨機、延遲因素的影響，分散到一週中的每一天，因此我們或許會認為，這些數字並不會受到強烈的星期效應（day of the week effect）影響。然而，由於疫情資料的測量和發布方式會受到星期效應影響，上述說法並不正確。舉例來說，如果實驗室的員工很少在週末加班工作，則 PCR 檢測就較不可能在週末處理。此外，由於郵局週日也會休假，因此政府也會建議民眾不要在週日使用家用 PCR 檢測試劑，以確保最新鮮的檢體能夠及時送達實驗室。但是隨著疫情發展，英國政府開始要求學生在上學前的週日進行側流抗原檢測，因此狀況反轉了，反而週日的檢測量開始大於平日。

醫院的病床占用率，同樣呈現某種程度的每週循環模式。例如，較多病人會選擇在週五出院。這也合情合理，不但符合「週末回家休息」的傳統，同時也可稍微減少醫院週末的人力需求。

此外，物理治療師和職能治療師週末也可能不上班，無法協助病人出院。這種種原因都會造成星期效應。

再舉一例，死亡資料會以死亡日和發布日的方式呈現，並且明顯受到某些效應影響。死亡日資料分布十分平均，並沒有明顯強烈的星期效應，但發布日資料則往往在週日和週一時，人數會明顯較少，很可能是因為週六和週日還在上班的人員相對較少，無法在週末協助登記死亡。

上述資訊告訴我們，處理統計資料時務必要很謹慎。當然，根據每日資料來推論趨勢，明顯會有問題，每日疫情數字本來就可能出現大幅度變動。其中一個較好的處理方法，就是使用七日平均，這個方法能夠去除星期效應造成的波動。另一種方法是簡單比較每天的資料和上週同一天的資料。

無論如何，以上討論的方法都僅僅只是相對粗糙的做法。有一支稱作時間序列分析（time series analysis）的統計學分支，使用能夠在一定時間範圍內，自動偵測週期行為的方法，來處理這類資料。這類時間序列分析方法往往可以找出資料中的趨勢，能夠輕鬆勝過容易受到隨機波動愚弄的目測分析。

值得牢記在心的是，儘管造成週末效應的機制並不明顯，但許多資料和疫情數字一樣，都會受到星期效應或季節效應影響。雖然有時候我們會明確將時間效應納入考量，例如經過季節調整的失業人數，但我們應當時常詢問，發布數字的變化是否可能只是單純受到時間效應的影響，並且進一步思考出現時間效應的可能原因。

民意調查中的抽樣誤差

民意調查發布的結果往往極具說服力，但必須謹記，這類資料往往存在不少問題。

首先，如同我在第 6 章〈絕對要學會的統計方法〉說明的，真正準確的調查需要隨機抽樣相關群體。這代表群體中的每個人都有相同機率收到調查邀請，而且每個人收到邀請的機率彼此獨立。要達成這一點，並沒有想像中容易。

舉例來說，以前或許可以在電話簿中，隨機選擇一個號碼來建構隨機樣本。但在二十一世紀，大多數人的聯絡方式都不會出現在電話簿上。事實上，如果想要使用市內電話隨機抽樣，就會遭遇到許多年輕人都沒有市內電話，或者設有室內電話的住所中，成年人比例相對較高的問題，導致年輕人在整體樣本中抽樣到的比例過低。

同樣道理，如果想要在街上隨機選取路人調查，也一樣無法得到代表性樣本，這種抽樣方法很可能會遺漏行動不便、健康狀況不佳，或者在調查時段正在上班的人。

此外，即使採用某些手段接觸到具代表性的樣本群體，還有一個問題是：並非所有找到的人都願意回答問題。忙碌或趕時間的人，相較於無聊或孤單的人，更容易選擇不回答問題。某些民調公司為了解決上述問題，會提供民調參與者一筆填卷費，但仍無法避免類似問題，因為這樣的做法更容易吸引到一小筆填卷費對他來說是一大筆收入的人。

基於以上原因，我們可以大膽假設，就算使用全世界最好的方法，也不可能找到真正具代表性的樣本。因此，民意調查員往往會嘗試加權樣本。如果樣本中年輕人太少，調查員就會提高每位年輕人意見的權重。調查員同樣會嘗試根據收入或社會地位，使用政黨傾向、教育水準、或每天閱讀的報紙等識別因素，賦予樣本不同的權重。

但即使採用加權方式，還是會遭遇許多問題。如果加權了其中一名年輕人的意見來平衡樣本，但這名年輕人並無法代表同年齡族群，就會產生扭曲效應。某方面看來，如何找到能代表年輕人的樣本，這個問題至今依然沒有解決。但至少能夠確定的是，需要大量加權的民意調查隱含的不確定性，會比不需要太多加權的民意調查高。況且通常只有深入研究民調結果的專家，才會有動力在資料中挖掘出民調的加權係數。

誰做的民意調查？

從另一方面來看，至少民調產業還受到一定程度的監管，並且嚴格遵守某些標準。例如，民調公司皆已同意，如果是由客戶委任進行的民意調查，但結果並不如客戶預期，依然會公布民調結果。

雖說如此，有時資料並非由這些主流民調公司發布，因此可能會故意或不小心出現偏差。回顧第 2 章「我們每天收到多少電子郵件？」的問題，如果這份調查是由販售管理信箱工具的公司所委任，理應可以合理假設，公司希望得到的數字愈大愈好。透過增加一些具有引導作用的問題，例如，「您工作時，通常感受到多大壓力？」和「您是否覺得工作要求已超出您的負擔？」，進一步誘導受訪者開始思考電子郵件過多的問題，就很有機會得到委任公司想要的結果。

這類行為稱為推手民調（push polling），信譽良好的民調公司通常不贊成這種做法。然而如果民意調查只發布了特定問題的回答結果，通常難以得知結果是否受到推手民調影響。

而真正完全脫離控制的民意調查，則是受訪者「自我選擇」和「自我報告」的調查結果。假想我開設了一個「一世代」（One Direction，英國一愛爾蘭男子音樂團體）粉絲的推特帳號，並且發起一項投票，詢問「有史以來最棒的男子樂團是哪一個？」可以想像在 BTS 防彈少年團的粉絲還沒湧入投票前，投給「一世代」的人數比例會遠遠超出正常的比例。這類投票結果明顯毫無參考價值，但有時候，這類某組織成員自我選擇的推特投票或民調，卻會以暗示「投票結果代表大眾意見」的形式發布。

類似問題也會出現在採用自我報告資料的調查上。在電子郵件的例子中，如果我直接詢問大家每天收到的電子郵件數量，則得到的結果會受到受訪者的個人感覺影響，往往會過於誇大。此外，人們也往往會回報他們希望的行為，而非真正做出的行為。例如藉由整理病人告訴醫師的飲酒量資料，來估算英國的酒類消耗量，相較於直接計算酒類銷量數字，會得到全然不同的結果。

如果可能的話，最好是使用上述第二種不含個人感受的測量方法。例如，參考谷歌蒐集的行動裝置資料，很可能比詢問人們是否嚴守封城規定，還更容易得到真實結果。但請務必謹記，即使是這些明顯不受個人情緒影響的測量方法，也可能受到隱藏的偏差影響，例如，僅抽樣智慧手機使用者等等。

基於以上種種原因，即使是閱讀已完成並發布的調查結果，最好還是要仔細審視調查方法的實行細節和採用原因。

資料視覺化——少即是多

我們已經瞭解到，資料視覺化在傳達全球狀態資訊時，是一項很強大的工具。而在準備圖表或簡報時，有些原則需要牢記在心，這些原則能夠確保資料的呈現更清晰。

一般而言，人們往往會低估自己所做圖表的複雜程度，沒注意到普羅大眾往往看得一頭霧水。圖表繪製者花費許多時間準備視覺化資料，而且已經釐清資料的背景資訊，因此對事物全貌早有一定程度的瞭解。然而人們總會誤以為，其他人瞭解資料的程度和自己相同。重點在於，我們應該盡可能從全然無知的角度閱讀圖表，並且審視在沒有額外背景資訊的情況下，資訊是否依然能清楚傳達。或者也可以找一位還沒看過圖表的朋友，請他幫忙看看圖表的資訊是否能夠清楚傳達。

此外，視覺化資料往往是由繪製者坐在高解析度的大螢幕前面，使用功能複雜的軟體準備的。這意味著準備資料的人，可能無意間在坐標軸或資料點上，貼上字體過小的標籤，或者使用非常相近的顏色或過小的符號，來區分不同的資料序列。但我們應該要慎重考慮到，人們可能是在光線不佳的情況下，盯著小小的手機螢幕，閱讀這些發布到推特上的圖表。

使用 PowerPoint 簡報時，也會出現類似狀況。某些出席者會坐在大型會議室後方，可能還會被其他出席者擋住視線，還可能受到室外光源影響。此外，務必記得有一部分的人患有某種程度的視覺障礙，某些人可能是紅綠色盲。重點在於，我們要記得假設各種非理想狀況，嘗試揣摩在不同狀況下檢視圖表可能出現的問題，並且不要使用太過花俏的繪圖伎倆。

一般來說，我十分相信資料視覺化的四字箴言：少即是多。雖然在單一圖表中能夠繪製許多不同來源的資料，但這並不代表這樣做的效果肯定最好。就我個人觀點來說，第 6 章裡說明英格蘭西北地區新冠肺炎住院人數的圖（見第 152 頁至 154 頁），之所以呈現效果良好，就是因為這些圖既簡單又明瞭。我當然還能加上英格蘭更多其他地區的狀況來做比較，列出每個地區個別的住院人數，並且分別使用不同顏色作區別。然而，回想一下向農處理資料的精神，我們應該要先問問自己，加上這些額外資料能夠提供多少額外資訊？我們會預期所有其他地區的行為，都大概會和西北地區類似，因此若在圖上看到多條行為相同的曲線，很可能只會造成更多混亂，幾乎無法提供額外的解釋能力。

最後一個透過圖表呈現資料須考慮的重點是：雖然圖表理應獨立表達出想傳達的資訊，但可能還是有很多人無法順利接收。因此在簡報時放出一張投影片，或是透過社群媒體分享圖表時，提供文字說明補充資訊，往往會帶來莫大幫助。我們可以直接說出 x 軸和 y 軸的量值，甚至說明理想的結果應該是什麼樣子。例如，我們希望資料數值隨著時間增加還是減少？目前所見狀況與理想結果相比如何？我們對圖表呈現的狀況滿意嗎？

總結來說，我相信使用圖表呈現資訊，是一種極其有效、且頗具說服力的溝通方式。如果能夠考慮到上述這些問題，就能夠讓圖表更有效發揮功能。

結論

我們已瞭解到，雖然我們會很想比較不同來源的資料，但有一些潛在問題會讓比較變得十分困難。即使只是單一連續資料，例如某個國家每天的新冠肺炎確診人數資料，也會受到短期的星期效應影響，或者因採用了新定義或新的資料認定標準，而造成了改變。這些問題皆意味著，比較和測量通常都必須小心處理，否則就容易得出誤導的資訊。

我也提到民意調查或許能提供有用的資訊，但也點出了一些必須注意的問題。最後則建議了成功的資料視覺化，需要注意的幾個重點。

課後作業

大家可將本章提到的概念，應用到簡報發表中，並且進一步思考哪種資料視覺化方式更具說服力，以及原因為何。

大家之後如果看到出乎意料的民意調查結果時，可以嘗試在民意調查公司網站上尋找調查方式詳情，看看能否發現樣本奇怪的地方。例如，樣本中是否包含過高比例的老年人或年輕人，或者過高比例的留歐派或脫歐派。

如果大家聽到資料出現令人驚訝的數字變化，例如與去年同期相比大幅增加或減少，也同樣可以檢查認定標準是否改變了，或者資料可能因為某些原因，無法直接和去年比較。

第 12 章

賽局理論

無懈可擊的策略

2006 年，一項古老的競技運動登上了輝煌的舞臺。入選各國決賽的 257 名選手齊聚賭城拉斯維加斯，比賽全程電視轉播，贏家將能抱走五萬美元獎金。這項賽事在世界各地都舉辦了初賽，YouTube 能找到許多比賽影片，網路上也有許多深度策略分析。事實上，有許多程式設計團隊企圖開發完美的電腦玩家，希望編寫出能夠打敗其他人類和演算法對手的程式。

究竟是什麼比賽能引起如此大的風潮？原來是猜拳。

聽起來像是在開玩笑，對吧！但猜拳體現了本書兩大主題的重要性：資訊和隨機性。事實證明，猜拳還真的有無懈可擊的策略，即每次出拳都獨立且隨機，且出剪刀、石頭、布的機率各為 1/3。我們可以設想另一名選手先決定好要出哪種拳，無論他如何選擇，我們如果採用上述策略的話，總是各有 1/3 機率平手、獲勝或落敗。因此期望值勝差為零，長期下來，採用隨機策略的選手將沒輸沒贏。

然而如同前面提到，人類並不擅長思考和創造隨機，並傾向於採用非完全隨機的策略。例如人們並不喜歡重複出相同的拳，完全隨機策略會有 1/3 機率兩次出一樣的拳。如果選手上一回合出了石頭，則會有較低機率這一回合也出石頭，因此出剪刀就會成為不敗的選項，而且還有機會獲勝。如果我們掌握了對手下一次出拳的任何相關資訊，就能夠利用這些資訊，採取比隨機更好的策略。因此，與人類玩家比賽猜拳，就會變成橫跨多個重複回合、爾虞我詐的賽局，選手會嘗試利用已知資訊做出最佳決策。

在本章以前，我說明的許多情境都是屬於靜態、僅涉及單一系統、未與他人互動的行為。例如，「我的」檢測結果是否為偽陽性，並不會影響「你的」檢測結果。然而，現實社會可沒有這麼簡單，人與人之間會不斷互動，如同猜拳比賽。如果我選擇做出某種行為，很可能會影響到你、並影響你的選擇，而你的選擇又會反過來影響到我。

正因為如此，疫情期間出現的許多政策問題都十分棘手。例如，封城政策是為了保護老年人和體弱多病者，但往往會嚴重影響年輕人和經濟弱勢者。實際上，每個人是否應該遵守封城規定或接種疫苗來保護整個群體，往往備受爭議。許多人會指責不遵守防疫規定的人自私又不理性，有時還會出現令人不安的世代間激烈爭辯。

使用數學架構同樣能夠瞭解上述的部分問題，而通常也會利用到玩具模型。既然我們討論的是玩具問題和玩具模型，那麼將這個領域的研究稱作玩遊戲般的賽局理論（game theory），應該也不為過。

1920年代，馮諾伊曼正式開啟了賽局理論的研究，馮諾伊曼就是在第1章〈一張好圖勝過千言萬語〉中提到「讓大象搖動長長的鼻子」的那個人。賽局理論在1950年代以後大放異彩，成為冷戰時期許多問題的對應模型，包含核彈衝突的相互保證毀滅問題，以及1962年10月的古巴飛彈危機問題。

賽局理論往往歸類為經濟學的一個分支，共有11名經濟學家憑藉賽局理論領域的研究成果，獲頒諾貝爾獎。雖說如此，賽局理論也能用來理解生物學問題，例如演化和物種之間的競爭。

為了與本書此單元的內容做連結，大家可以想像賽局中的玩家除了競爭資源外，也會競爭資訊。在許多賽局理論的情境下，如同前面提到的猜拳比賽，只要掌握對手策略的資訊，就能幫助我們設計出擊敗對手的策略。因此，許多玩家會試圖設計一套即使被對手知道也無法擊敗的策略，例如前面提到的獨立均勻出拳的猜拳策略。

囚犯困境

賽局理論的經典問題就是囚犯困境（prisoner's dilemma）。囚犯困境問題類似以下的情境，但各種模型使用的數字可能有所差異。兩名囚犯因為相同罪行遭到逮捕，並且在警察局不同的兩個房間分開審訊。警察並未掌握足夠證據可指控兩人犯下重大罪行；但已經掌握足夠證據，能夠證明兩人犯下較輕的罪行。警察給予兩人選擇的機會：他們可以指證另一人犯下了重大罪行；或者保持沉默。

如果兩人皆保持沉默，則司法機構只能以較輕的罪行定罪，兩人皆會坐牢 1 年。如果兩人皆背叛同伴，則都必須坐牢 3 年。如果其中一人保持沉默，另一人選擇背叛，則沉默的囚犯將承擔全部罪刑，坐牢 5 年，而背叛者將會無罪釋放。

如果囚犯 A 思路清晰，就會按照以下的方式推理。可能出現的狀況有兩種：

一、囚犯 B 選擇背叛我。如果我保持沉默，就會坐牢 5 年，如果我同樣背叛他，則只會坐牢 3 年。因此背叛是較佳選擇。

二、囚犯 B 選擇保持沉默。如果我保持沉默就會坐牢 1 年，如果我背叛他，就能夠無罪釋放。背叛同樣是較佳選擇。

如果單純考慮個人利益，無論囚犯 B 如何選擇，囚犯 A 選擇背叛，都會得到較佳結果。但如果囚犯 B 也使用相同方式推理，則會得到相同的結論。規則上，囚犯 B 的判刑條件和囚犯 A 完全相同，因此根據理性推論，囚犯 A 和 B 都會說服自己應該要背叛，造成兩人皆背叛、且一起坐牢 3 年。然而，如果兩人都保持沉默，則兩人的刑期都會縮短許多。

利用邏輯推理，加上無法信任對方，導致兩人最後都落得較糟糕的結果。關鍵在於，兩名囚犯分開審訊，導致無法分享資訊和合作。

無論理論上或實務上，囚犯困境情境和猜拳遊戲一樣，都已經過許多人深入研究。事實上，如同猜拳遊戲，也有許多電腦重複模擬過囚犯困境的比賽，程式設計師會借助比賽，實驗各種新策略。然而實際上，人們並不總是如此冷酷理性，而往往都已經準備好保持沉默。

另一種版本的囚犯困境中，會重複囚犯困境賽局多次，理論上可以讓玩家彼此之間建立信任，並且在重複賽局進行過程中，共同取得較佳結果。其中一個很簡單、但效果絕佳的策略，就是以牙還牙（tit for tat）：玩家會在第一回合保持沉默，而在之後的回合則會簡單複製對手上一回合的行動。可以明顯看出，兩位使用以牙還牙策略的玩家對上時，會永遠採取保持沉默的策略，得到不錯的結果。而如果對手並非採取以牙還牙策略，而是選擇背叛，則會在之後的回合受到懲罰。

冷戰時期可以觀察到另一種版本的囚犯困境，當時美國和蘇聯都決定要增加國防預算。增加國防預算的決策可以對應到選擇「背叛」，而不增加預算可視為「保持沉默」。如果雙方都增加預算，則會造成比雙方都維持現狀更差的結果。但如果只有其中一方增加預算，則可能在武力上壓制過維持現狀的對手。

因此，雙方合理的選擇似乎只能不斷增加國防預算，一直到雙方願意展開一系列對話來緩解緊張，並且能夠互相信任對方為止。例如，若雙方都展現出能夠信守承諾降低國防預算，且在後續談判中，雙方都能取得對方信守承諾的資訊，則兩國的國防預算才有機會降低。雙方執行的策略即前面提到的「以牙還牙」。

疫情相關問題也可以用類似方法思考，例如，每個人有多嚴格執行居家隔離的要求。從個人的角度來看，如果其他人都確實留在家中，外出似乎就是個理性的決定，即使出門，被其他人感染的風險也非常低。但如果大家都使用相同方式推理，則外面到處都會變得非常擁擠，風險也會變得非常高。這種現象稱為公地悲劇（tragedy of the commons），公地悲劇原本說的是競爭共有牧場的故事，故事中每個人最理性的決策，同樣是盡可能利用最大片的牧場，以一己私利為重，但對群體來說，卻會造成牧場過度利用的悲劇。

零和賽局

囚犯困境是賽局的一種。囚犯困境賽局中有兩名玩家，並且可以做出明確定義的選擇。根據玩家所做的選擇，會得到對應的「報酬」，也就是如果知道雙方各做出了什麼選擇，就能決定雙方獲得的獎勵或遭受的處罰。

囚犯困境處理的是合作問題，但另一個獲得廣泛研究的賽局類別中，合作完全不可能出現。這類賽局稱為零和賽局（zero-sum game），零和賽局的特色是：無論雙方玩家的選擇為何，其中一方拿到的報酬，會正好等於另一方的損失——我們可以使用金錢來思考，玩家 A 需要付錢給玩家 B，或者從 B 身上拿到錢。

舉撲克比賽的例子來說，所有玩家的籌碼總數永遠相等，但每一局牌局的籌碼可能會從一名玩家流向另一名玩家。由於 B 的損失永遠等於 A 的報酬，反之亦然，就不需要從雙方觀點分別思考報酬了，只需要列出 A 在各種情況下拿到的報酬，就能夠描述所有報酬組合。

考慮以下賽局：玩家 A 和玩家 B 都坐在一臺機器前，兩位玩家需要拉動一根拉桿，A 的拉桿可以拉左或拉右，B 的拉桿則可以拉上或拉下。最終雙方拉桿停留的位置，會決定 A 可以從 B 身上拿到多少錢。例如，若 A 選擇左而 B 選擇上，A 會從 B 身上拿到 5 英鎊。若 A 選擇右而 B 選擇下，則 A 會從 B 身上拿到 7 英鎊。

使用以下的表格，可以總結所有可能的報酬結果：

	A 選擇左	A 選擇右
B 選擇上	5 英鎊	4 英鎊
B 選擇下	3 英鎊	7 英鎊

毫無疑問，A 會希望從 B 身上拿到愈多錢愈好，而 B 則希望能支付愈少錢愈好。接下來，就可以使用類似前面提到囚犯困境的思考方式，推理出最佳策略。

假設 A 永遠選擇左，則 B 應該要選擇下，這樣可以付較少的錢；但如果 B 永遠選擇下，則 A 應該要選擇右；但如果 A 選擇右，則 B 又應該選擇上。看起來雙方的最佳選擇會不斷變化，沒有人能夠確定最佳策略。

事實上，馮諾伊曼提出了一個基本洞見，告訴我們：提出的策略並不一定只能單純選擇左或右、上或下，兩位玩家都應該隨機選擇。玩家 A 在做決定前，應該丟一枚偏差硬幣，出現正面時選擇左、出現反面時選擇右。玩家 B 也同樣應該丟一枚不同的偏差硬幣，決定要選擇上或下。賽局術語稱永遠選擇左或右為「純策略」，而上述隨機選擇的方法為「混合策略」。

這是相當精采的洞見，也十分讓人驚訝。大家可能會認為，其中一個選項基本上會比另一個好，選擇較佳選項一定不會陷入劣勢。然而馮諾伊曼發現，最佳策略是不要過於武斷，應當保留自己選擇的餘地。

如果進行這個賽局許多回合，根據大數法則，玩家 A 會在一定比例的賽局中選擇左。一般來說，這個比例不一定要是 0% 或 100%。這個例子想說明的是平衡選擇的價值，也就是不要太過於執著選擇某一個選項。

那麼問題就在於，如何決定要使用哪種偏差硬幣？接下來會提供大家這個案例的解答，並且解釋為什麼會如此選擇。策略的關鍵在於，不要讓對手出現改變選擇的誘因。最佳策略需要使用第 5 章〈隨機散布的資料〉提到的期望值來計算。

玩家 A 使用的偏差硬幣，應該要讓 A 有 3/5 的機率選擇左、2/5 的機率選擇右。若要瞭解為什麼這是個好策略，就需要考慮玩家 B 的兩個選項。如果 B 選擇上，A 的報酬期望值為 3/5 × 5 + 2/5 × 4 = 4.60 英鎊；如果 B 選擇下，A 的報酬期望值為 3/5 × 3 + 2/5 × 7 = 4.60 英鎊。兩種狀況下，A 都會有相同的期望報酬。換句話說，無論 B 如何選擇，A 都能保證平均能獲得 4.60 英鎊。這個結果之所以最具吸引力，是因為 4.60 英鎊就是 A 能確保拿到的最大期望報酬。

玩家 B 同樣有最佳策略，那就是 4/5 的機率選擇上、1/5 的機率選擇下。這個最佳策略在 A 選擇左或選擇右時，A 都會得到相同的期望報酬，分別為 4/5 × 5 + 1/5 × 3 = 4.60 英鎊和 4/5 × 4 + 1/5 × 7 = 4.60 英鎊。藉由選擇這個最佳策略，B 可以將損失減到最小，這是 B 能夠確保的最小期望損失。

事實上，兩位玩家各採取最佳策略下，得出的玩家 A 的期望報酬相符，就能確認 A 選擇左右的機率分別為 3/5 和 2/5，以及 B 選擇上下的機率分別為 4/5 和 1/5，正是雙方的最佳策略。

我們想找出的策略就是：無論另一位玩家使用何種策略，都不會影響期望報酬的混合策略。

奈許均衡

這就是一個奈許均衡（Nash equilibrium）的例子，奈許均衡的名稱源自於數學家奈許（John Nash），奈許是書籍《美麗境界》和同名電影的主角，諾貝爾經濟學獎得主。

在上述情況下，所有玩家都不會想要改變策略，相較於前面提到選擇不斷變化的純策略，採用混合策略能讓賽局達到穩定狀態。奈許告訴我們，奈許均衡在各種不同的賽局中都能找到，包含更多玩家或更多選項的賽局。

我們可以繪製右頁這張代表玩家 A 觀點的圖，來瞭解 A 的最佳策略所選用的偏差硬幣。

我將硬幣出現正面的機率，從 0.0 到 1.0 繪製在 x 軸上。這代表一系列 A 可以使用的偏差硬幣，包含最左邊總是丟出反面的硬幣，到最右邊總是丟出正面的硬幣，公平硬幣則位於 x 軸的正中央 0.5。圖中有兩條斜線，分別代表 B 的兩種不同選擇，帶給 A 的報酬期望值。

一、如果 B 選擇上，則 A 使用不同硬幣的期望報酬，我用虛線表示。最左邊的 4 英鎊對應到 A 使用了總是丟出反面的硬幣，A 必須選擇右；最右邊的 5 英鎊對應到 A 總是丟出正面的硬幣，A 必須選擇左。

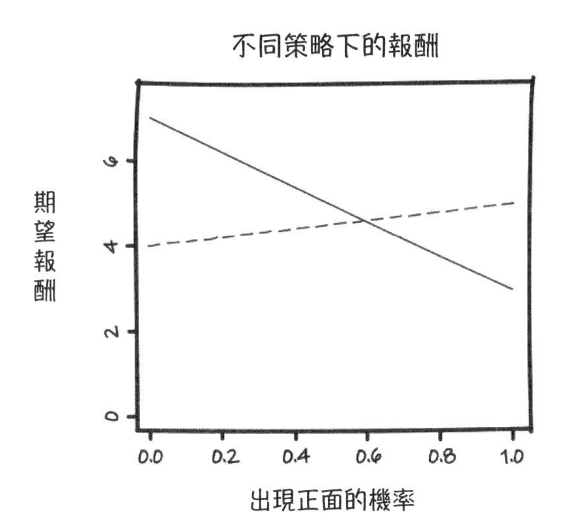

二、如果 B 選擇下，則 A 的期望報酬用實線來表示，從最左邊的 7 英鎊，到最右邊的 3 英鎊。

我們可以假設 A 需要先選擇硬幣，此為公開資訊，因此 B 可以利用這項資訊，制定策略。如果 A 選擇丟出正面機率位在偏 x 軸左側範圍的硬幣，則 B 可以藉由確保 A 只會獲得虛線對應值的報酬，將支付金額降到最低，換句話說，B 應該選擇上。如果 A 選擇丟出正面機率位在 x 軸右側範圍的硬幣，則 B 可以藉由確保 A 只會獲得實線對應值的報酬，將支付金額降到最低，因此 B 應該選擇下。

整體來看，如果 B 真的如此明智的話，A 的報酬期望值會像是一個指向上的三角形，由斜向上的虛線和斜向下的實線組成。這個三角形的最高點，正好位於兩線交叉處，對應到 3/5 機率丟出正面的硬幣。玩家 B 的策略一般稱為「大中取小策略」(minimax strategy),也就是嘗試最小化某些數值的最大值。而從玩家 A 的觀點來看,則會變成「小中取大策略」(maximin strategy),也就是嘗試最大化某些數值的最小值。換句話說,無論 A 選擇何種偏差硬幣,B 都會選擇兩線中較小值的策略,因此 A 則需要最大化這些最小值,亦即選擇一枚 B 就算知道所選的硬幣、也無計可施的偏差硬幣,以阻止 B 利用這項資訊的潛在價值。

我們也可以從 B 的觀點畫出類似的圖。唯一的差異在於 B 要找出損失最低的策略。而相同的分析顯示,B 的最佳選擇也是落在兩線交叉處,正好對應到 4/5 機率丟出正面的硬幣。我非常鼓勵大家畫出這張圖,並且檢查上述結論是否正確。

這張圖的另一個更棒的特色是:圖中可以清楚看到,為什麼正確的策略會是兩種選擇的混合策略。如果 A 選擇左,則 B 選擇上比選擇下,會讓 A 獲得更高報酬,而如果 A 選擇右,則情況正好相反。只要賽局符合上述狀況,圖中的兩條斜線就會在中間的地方相交,因此混合策略會是最佳策略。唯一要解決的問題就是找出相交處。

如何擇偶?如何決定去留?

我們也可以思考一下 Tinder 這類交友軟體中,應用到的賽局理論概念。假設使用交友軟體時,每個人看到另一個人的照片和個人資訊後,可以選擇右滑或左滑來接受或拒絕另一個人成為自己可能的交友對象，唯有兩個人都選擇右滑時，才會配對成功。如果單純只是想要最大化配對數目，則應該無論看到什麼人都右滑，避免錯失任何可能的配對機會。

然而，如果每個人都採用這個策略，顯然每個人的所有系統推薦對象都會配對成功，配對系統會完全失控。因此合理的做法是稍微挑選一下想要配對的對象。事實上，資料顯示女性使用者通常較傾向慎選對象，因此配對系統才能正常運作。

問題是，需要精挑細選到什麼程度呢？每個人可能會根據自己最重視的特質，例如長相或共同興趣，為其他人打分數。比較直覺的策略是設定一個閾值，只要系統推薦對象的分數超過閾值就右滑。

然而，要選擇適當的閾值並不容易。事實上，「祕書問題」（secretary problem）的數學概念建議：最佳策略一開始應該先往左滑到一定數量的人選，以便調整找出你對於配對對象的期望，並且能夠決定一個合理的閾值。當然不採用數學方法來挑選對象，也完全合情合理！

（祕書問題的情境為尋找某個職位最適合的人選。我們必須面試一大群應徵者，並且須在面試後，立刻決定是否要雇用該名應徵者。但是做決定時，並無法得知整體應徵者的水準。分析結果顯示，最佳策略為觀察前 37% 的應徵者，然後雇用接下來的面試對象中，第一位比前面所有人都還要優秀的應徵者。）

根據相同的想法，同樣也可以設想出一個簡單的玩具心智模型，幫助我們思考日常生活中遇到的問題。玩具模型所提出的平衡做法，通常正是解決生活問題的較佳方法。

請注意，嚴格來說，以下提到的賽局並非囚犯困境賽局，因為賽局中僅有自己一位玩家，大家可以想像另一位玩家（「大自然」或「世界的狀態」）已經事先決定好策略了。

設想你受邀參加一場深夜派對，時間是晚上 9 點到隔天凌晨 3 點。這個活動非常棒，不但能享用美食和飲料，還能和朋友歡聚享受美好時光。不幸的是，隔天早上 9 點，你還需要向老闆報告最新企劃案，報告的表現可能會影響到你的職涯前景。因此，問題在於何時該離開派對？

我們可以將離開時間寫在下方這張圖的 x 軸上，並且將做出決定產生的損失寫在 y 軸上。如果只討論派對獲得的樂趣，則當然留下來愈久愈好。你心裡會是這麼想的：留下來愈久，就能有

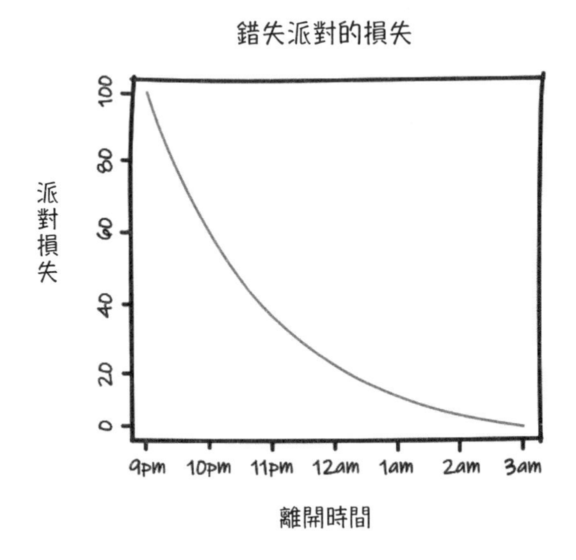

愈多機會能和朋友相聚，也能更盡情吃喝。如果根本沒有參與派對，就無法享受這一切。也許享受的程度會呈現報酬遞減，參與派對的時間愈長，則大部分想見的人都已經見過，食物和飲料也大多被吃光了，因此留下來能獲的價值逐漸減少。然而，單純從「將錯失派對的遺憾降到最低」的角度來看，你必須要留到凌晨 3 點派對結束後再離開。

然而，如果思考可能會影響職涯的報告表現不佳損失，繪出的圖大概會如同下面這張。一開始參加派對並不會有太大影響，但隨著時間愈來愈晚，就會影響到睡眠，造成你隔天上班時精神不濟，因此待到愈晚，明天報告的品質就可能愈差。單純從工作的角度來看，你應該完全不要參加派對。

實際上，我認為正確的方法需要同時考慮兩種損失，將兩種

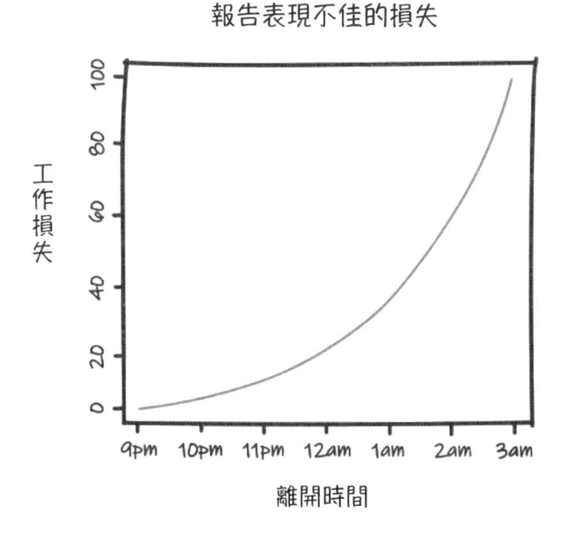

負面影響相加。請注意，這和前面提到的零和賽局不同，零和賽局的圖中需要取兩條直線中，數值較小的那一條，而非將兩直線的數值相加。雖說如此，兩個賽局的原則十分相似。

將兩條曲線加在一起後，會得到下圖中的深色曲線，而理想的離開時間點，位於線段中間，代表採用混合策略。

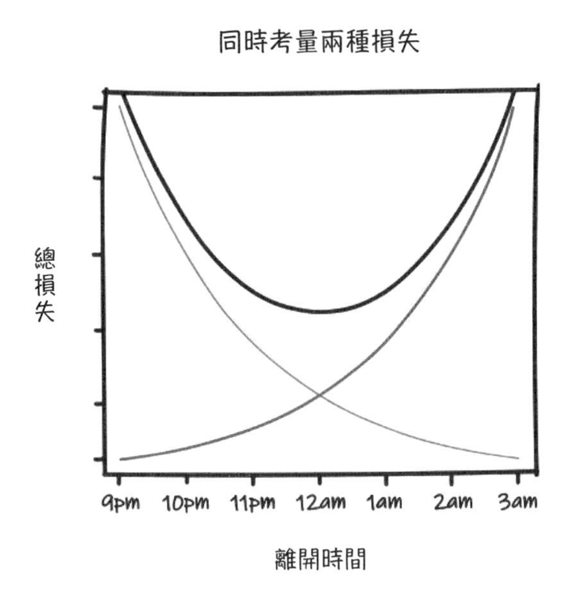

我並沒有提到測量損失的單位，實際上，兩條曲線各自對應的數值可能不會相同，代表最佳離開時間可能不會剛好位在正中央。事實上，對不同的人而言，曲線也會不同，曲線會隨著我們的耐力、報告能力、哪些朋友會出席派對，以及老闆寬容的程度而改變。此處並沒有要提出選擇生活和工作平衡點的嚴謹數學證明。但圖形可以說明的是：賽局理論之類的概念能夠提供數學證明，平衡的混合策略無論在此情境或其他許多情境下，都是最佳做法。

更具彈性的適應策略

上述例子是真實世界問題的簡化版，問題中假設我們在還沒到達派對現場前，就已經決定好離開時間了，採取的是「非適應策略」（non-adaptive strategy）。

實際上，我們可能會隨著派對進行，而逐步調整計畫。我們並不會事前就估算出損失曲線，而是隨著時間經過，獲得愈來愈多資訊。或許你非常想見面的那位朋友沒有到現場，又或許你遇到了一位十分投緣的陌生人，而想再待得久一點。這些新資訊會改變派對損失的曲線，因此你可以採用「適應策略」（adaptive strategy），根據得到的新資訊，調整最佳策略。

當然，你能夠採取的策略也會受到限制，例如你無法回到過去。假設在 11 點 30 分時，你覺得心情很糟糕，因為 10 分鐘前你不小心惹怒了主辦人，你並沒有辦法突然改變策略，在 11 點 15 分先離開。雖說如此，對於更廣泛的各種問題來說，非適應策略和適應策略的差異十分顯著，適應策略提供的彈性，能夠帶來更好的結果。

例如玩 Wordle 猜字遊戲時，採取的就是高度適應的策略，我們會考慮前一次猜測得到的字母和位置對錯資訊。如果採用非適應策略，提前決定了六個要猜測的單字，基本上不太可能猜中答案。此外，在第 9 章〈資訊就是力量〉提到的合併檢測演算法中，如果能夠採用適應策略，也能夠顯著改善成效。

政府干預新冠肺炎等傳染病，須採取多強烈的手段？這個問題也可以應用平衡損失的論點。如果單純只重視減少新冠肺炎的死亡人數，干預當然是愈強烈愈好，如此才能最大幅度減少染疫死亡人數。然而，封城也可能會導致其他健康問題，包含疾病漏診、身心健康受影響、失智病人遭到隔離卻無人照顧等等。

如果單純只重視經濟損失的話，也會得到類似的推論：社會愈開放則經濟愈好。但是，如果疫情真的不受管控，恣意肆虐，則很可能會造成社會秩序崩潰危機和其他經濟問題。因此，平衡損失的論點會認為，在「全面管制」和「全面開放」這兩個極端政策之間找出中性政策，很可能是比較理想的做法。

強化學習

賽局理論的概念，實際上已經應用在開發先前提到的機器學習和人工智慧演算法上。其中，強化學習（reinforcement learning）研究領域的啟發動機，就是認為賽局中的玩家，一開始甚至可能都不清楚表格中的報酬值。這樣的狀況可以模擬電腦在完全不清楚所處環境下，如何做決策。

然而，電腦在做出多次選擇後，居然能夠開始知道各種選擇所能獲得的報酬，並且慢慢分析出賽局可能的報酬結構。只要電腦完成分析，就能夠從原本的學習階段，進入對環境有完善瞭解的階段，並且可以開始根據習得的知識，執行最佳行動。

這類強化學習演算法的著名應用案例，就是谷歌 DeepMind 的 AlphaGo 程式。AlphaGo 的最顯赫事蹟，是在 2016 年擊敗人類圍棋高手李世乭，達成先前大家都認為不可能的成就。

AlphaGo 所接受的訓練就包含了強化學習訓練，也就是研究過去圍棋棋譜的資料庫。然後 AlphaGo 藉由自我對弈，模擬大量棋局，不斷實驗與練習，藉此分析出最佳勝率的下法。

最新版本的 AlphaGo Zero，甚至一開始都不需要提供任何圍棋棋譜資料庫，AlphaGo Zero 可以單純藉由強化學習，只要提供最基本的圍棋規則，就能從無到有，研究出致勝策略。大家可能會覺得這樣的成就沒什麼大不了，畢竟掌握一款桌遊，僅僅只是掌握人類眾多智慧的一小部分罷了。但是 AlphaGo 的開發，實則為電腦和演算法能力的一項重大突破，在未來的幾年，很可能對我們的日常生活造成重大影響。

我先前已經說明了如何利用資訊，理解賽局理論，因此向農深受賽局問題吸引，自然也不足為奇。第 9 章中，我提到向農喜歡動手操作、實際應用理論，此外也喜歡有趣的事物，他的這些人格特質，也反映在競技遊戲研究中。向農是第一位認真考慮撰寫程式讓電腦下國際象棋的人，而所謂的向農數：10^{120}（一個無法想像的巨大數字，寫出來為 1 後面帶了 120 個 0），則是他估計可能出現的國際象棋棋局數量。向農曾經與傳奇賭徒兼投資人索普（Ed Thorp）合作，打造能夠預測輪盤結果的電腦。

向農還發明了開關遊戲（switching game）。開關遊戲在一個網路上進行，兩位玩家輪流行動，其中一位會將邊線塗色，試圖創造一條能夠連接兩個特定節點的路線，而另一位玩家則會從網路中移除邊線，企圖破壞連接。

這是更廣泛的「創造破壞遊戲」（Maker-Breaker game）的其中一種，創造破壞遊戲現在依然是許多遊戲理論家，積極研究的主題之一。

經過了這些討論，本書第三單元〈資訊〉中的各項主題：資訊、網路和賽局理論，都已連結在一起。瞭解這些內容，能夠幫助我們更清楚理解現代世界。與此同時，也別忘了像向農一樣，在研究和探索中，獲得樂趣。

結論

我們已瞭解賽局理論如何描述各種情境下的競爭互動，包含核彈對峙和經典的囚犯困境。藉由思考資訊和報酬，特別是利用零和賽局的設定，就能夠提出混合策略的概念。我們利用大中取小原則，提出採取適當的混合策略，這可以消除其他玩家得知己方策略所獲得的資訊價值。此外也提出，混合策略提供了面對真實世界的問題時，採取平衡應對策略的理論依據。

課後作業

大家可以進一步探索本章提到的概念，例如，尋找可以套用到本章所提出情境的日常生活問題。如果你有兩個小孩的話，可以創造一個正面版本的囚犯困境，例如，如果兩個小孩都將房間打掃乾淨的話，都可以獲得兩顆糖，但如果只有一個小孩整理自己的房間，就只有那個小孩可以獲得一顆糖。這樣的獎勵機制會造成什麼影響呢？大家或許可以在零和賽局的表格中，填入不同數字，藉此進一步思考混合策略。是不是有某些情況下，純策略總是能獲得最佳報酬呢？大家可以嘗試看看，虛線和實線沒有相交的狀況會如何。

第四單元

我們學到了什麼

第13章

從錯誤中學習

本書說明了許多數學概念，能夠幫助大家瞭解這個世界。我將這些數學概念分為結構、隨機性和資訊三大主題，當然這三大主題彼此互相重疊和影響。書中說明的許多思考方式，都可以在新冠肺炎疫情期間實際應用，然而下一個重大事件，並不一定正好能夠使用相同的數學工具來分析，例如，指數成長和隨機漫步未必是許多事物進展的重要關鍵。但我確信，掌握結構、隨機性和資訊等數學概念，在未來許多事件中，必定都能派上用場。

此外，我觀察到許多人提出了正式數學模型和非正式信念，這些想法未必總是符合真實世界的狀況，但顯然還有許多通用原則，可以發展成抽象數學概念。

一、仔細思考假設

我的第一個建議是：我們應該隨時準備好質疑自己的假設，以及從假設延伸出的預測。例如先前提到，許多人確信 2020 年夏天，歐洲新冠肺炎確診案例增加，但死亡人數卻沒有相應提高，代表病毒變得比較沒那麼危險了。若要避免這類錯誤認知，就必須更仔細研究資料，例如檢視確診案例的年齡分布，或是在對數刻度圖上繪製趨勢。

但一般來說，我們對世界的看法很可能會根據一系列的邏輯推理：「如果 X 就會 Y，如果 Y 就會 Z。」數學家在利用許多零碎數學結果推導理論證明時，已經十分習慣使用上述思考方式。所有做研究的人通常都會有類似的痛苦經驗，推理過程中有一個小環節出現錯誤，導致整個推理無法成立。如同費米估算會將問題切割成許多更小的問題，這種切割處理的思考方式也是非常好的做法。如果能夠仔細思考每個小環節是否正確無誤，以及如果證據顯示其中一個小環節錯誤，對整體結果會造成什麼影響，就不會變成僅僅依靠直覺來做決策。論點中最薄弱的環節是什麼？最能夠反駁論點的其他強力論點是什麼？如果兩個問題中有一個無法回答，則很可能我們所認為的嚴謹論證，其實只是在自欺欺人罷了。

沒有人會願意承認自己的觀點充滿偏見，但在思考新冠肺炎疫情如此複雜的議題時，我們終究無法審慎通觀全局。許多個人狀況都會影響我們的判斷，包含家人不同程度的染疫風險、不同就業狀況造成的不同經濟脆弱程度，以及不同的身心健康狀況。這些因素無可避免的，會改變我們對病毒帶來的健康風險、以及採取措施對抗病毒帶來的經濟風險，兩項風險之間取捨的評估。然而只要確實瞭解自己的處境，就能夠審視自己在群體中能代表多大的族群，以及如何在整個群體不同需求之間，取得平衡。

二、世界本就一片混亂

在比較各國新冠肺炎疫情資料時，許多人都想要找到能夠解釋一切的唯一因素，然而這個目標幾乎不可能實現。

就算沒有將政府應對措施納入考量，仍然可以想出許多可能影響疫情傳播的因素。這些因素包含：人口年齡結構、人口密度

（以及即時變動狀況）、一般家庭的成員結構、國民整體健康狀況、氣候、曾接觸過類似病毒的狀況、地理隔離程度、出入境狀況、配戴口罩意願高低的文化因素、個人意識高低（民眾是否願意遵守政府的指示）、實驗室基礎設施完善程度、相較於其他國家疫情爆發的時間早晚，以及可能的純運氣因素。

這麼多的因素清單，已經足以讓大家感到困惑，然而可能的因素都還沒有全部列出呢，因此我們不應相信那些天真又簡單、完全沒有考慮過更多影響因素的分析，例如，由女性領導的國家應對疫情的況狀更佳。此外，如同第 6 章〈絕對要學會的統計方法〉提到，資料本身就充滿雜訊；第 11 章〈搞懂測量方法〉也提到，不同國家測量和發布疫情資訊的方式，會對疫情數字造成重大影響。

就算只考慮單一國家或地區，事情也往往比想像中複雜，防疫措施往往會造成更多衍生的後果。例如資料可能會顯示，酒吧是傳染發生的主要場所，因此應該關閉酒吧。然而，這可能只是因為資料蒐集方式所導致，人們可能會記得自己曾經去過酒吧，但可能不會記得超市排隊隊伍中，真正傳染給他的那個人。酒吧關閉可能會驅使人們去朋友家喝酒，或者因此做出其他更高風險的行為。

上述所有問題意味著，嘗試預測疫情或解釋疫情這類複雜事件，往往是一項艱巨任務，而未來發生的危機也很可能出現類似狀況，但這並不代表我們應該放棄預測和解釋事件。但是，我們應該牢記，任何預測模型都存在不確定性，而任何想要用一兩個簡單因素就來解釋整體狀況的分析，幾乎都必定過於輕率。

三、不要過分依賴歷史資料

在思考問題時，我們自然而然會去尋找並觀察相關的類似事件如何發展，藉此判斷當下事件的發展方向。然而，如此便可能產生第 1 章〈一張好圖勝過千言萬語〉中提到，嘗試用一條曲線連接所有資料點的過度擬合風險。這樣的模型過度著重在個別的資料點，而個別資料點很可能充滿雜訊和不確定性，因此模型錯誤的機率非常高。

人們也往往會陷入近因偏差（recency bias，用最近出現的現象來評估未來）、以及對過去的錯誤矯枉過正。近因偏差的一個絕佳例子就是許多專家對 2020 年美國總統大選所做出的預測。這些專家中，許多人對 2016 年大選的預測完全錯誤，他們當時都認為川普毫無勝算，並且確信當時的民調完全準確。當然他們在預測 2020 年大選時，自然會將過去的經驗納入考量。然而，完全相同的劇情並不一定會再次上演，許多人都過度修正觀點，認為這次的民調也毫無參考價值，而川普有非常接近一半的機率勝選。

這樣的想法也反映在博弈市場上，賭客願意以 1 賠 2 的賠率下注川普當選（如同第 8 章〈發生比與成長曲線〉說明的，這代表賭客認為川普有超過 33% 的機率勝選），然而當時的民調統計分析顯示，川普的勝選機率遠遠低於這個賠率。

事實上，儘管有些微民調誤差，以及某些關鍵州的民調結果發布延遲等因素，但拜登的民調無論在普選票或選舉人團票上，都大獲全勝。如果更冷靜考慮到 2008 年和 2012 年的民調和統計分析都極為準確的話，就不會將 2016 年遭遇到的教訓，過度放在心上。

許多人也同樣小看了新冠肺炎的危險，認為很多類似疾病，包含伊波拉病毒、中東呼吸症候群（MERS）、嚴重急性呼吸道症候群（SARS）和豬流感，都曾占據報紙頭條數個星期，然而皆未大規模肆虐全球。將這些近期經驗納入考量，固然十分合理，但同樣應謹慎處理，切勿過度擬合事件，並且認為事情的發展永遠會和先前相同。

在思考 2022 年 5 月歐洲和北美爆發的猴痘時，同樣也必須很謹慎，不應預設猴痘的嚴重性、傳播方式和政府應對措施，都會和新冠肺炎完全相同。雖然新冠肺炎疫情提供我們許多寶貴經驗，但完全相同的劇情不太可能照搬上演，因此應理性思考猴痘和新冠肺炎相異之處。

四、切勿「採櫻桃」

新冠肺炎或其他議題往往都能夠找到大量科學文獻證據，許多研究證據都會以同儕評閱過的論文形式發表。理想狀況下的黃金標準是：唯有達到一定品質，而且根據公開資料嚴謹分析得出結果的論文，才有資格公開發表。令人難過的是，現實和理想往往有所差距。

頗令人失望的是，科學論文的出版現況並非總是符合期待。坊間有許多所謂的「掠奪性期刊」（predatory journal），在外人看來與專業學術期刊無異，但實際上這類期刊只要投稿人願意支付一定費用，就會幫忙刊登任何文章。這聽起來可能有些誇張，但實際上已經發生過許多次，故意使用電腦產生的廢文，卻能得到這類期刊接受並發表的案例。

遺憾的是，即使是正派經營的學術期刊所刊登的論文，通過同儕評閱也無法當作結果完美無誤的絕對保證。評閱論文的學者通常十分忙碌，況且評閱也不提供報酬，學者必須在研究和教學忙碌之餘，擠出少許時間評閱論文。評閱者和期刊編輯一般來說會在艱難的情況下，盡力做好職責，但並無法認定他們就是絕對真理的守門人。況且有些論文作者還會惡意混淆真相，讓評閱更加困難。一般來說，通過同儕評閱是一個好徵兆，但某些通過評閱的論文，之後又遭撤回，可想而知，同儕評閱並非絕對可靠的過程。

然而，即使我們只參考通過同儕評閱的論文結果，依然還是會發現某些問題。就以新冠肺炎的染疫致死率為例，許多論文都試圖估算染疫致死率，但卻都得出不同答案。估算結果不同，完全在預料之中，這有許多可能原因。首先，如同先前所說明，染疫致死率取決於族群年齡和醫療照護水準，因此在不同地方進行的調查，會估算出不同的染疫致死率。再者，因為我們永遠無法得知究竟有多少人感染了新冠肺炎，任何這類研究的結果都需要估算未知量值，這也會造成潛在誤差。

一般來說，不同染疫致死率估計值的問題，必須透過統合分析（meta-analysis）來整合。統合分析會同時考慮多篇論文，然後整合得出單一估計值。統合分析並非單純計算平均值，而是藉由評價個別論文（例如根據研究的群體樣本數大小），並且在整體計算中賦予不同權重等等，計算流程其實相當複雜。

但由於評價和賦予權重的過程無法避免主觀判斷，所以即使利用上述的統合分析流程，依然無法得到完美結果。然而，相較於常見的單純選擇自己喜歡的研究，並且採信該研究結果，統合分析的結果顯然準確得多。依照自己的喜愛去挑選研究結果，俗稱「採櫻桃」（cherry-picking）。

實際上，我們可以放心假設，在調查數量足夠的情況下，無論極大或極小的極端值，基本上都不可能是正確數字。這有點類似花式滑冰比賽中，評審團給出的最高和最低分數不會納入計分一樣，真實數值應該要在中間的數值裡尋找。因此，如果某人提出某篇知名期刊上一篇論文中的染疫致死率，可能還是不足以完全採信，我們依然必須考慮其他更多論文提供的結果。

使用丟硬幣實驗，就能思考這個狀況。如果進行了 50 回實驗，每次都丟一枚公平硬幣 100 次，第 5 章〈隨機散布的資料〉的表格告訴我們，看到正面出現少至 40 次以下、多至 60 次以上的結果，都無須太過驚訝，這些都是隨機波動影響下可能出現的結果。然而，如果僅僅挑選一次出現最多或最少正面次數的實驗結果，據以估算硬幣是否公平，這很明顯並非正當做法，且可能導致錯誤結論。

五、模型有其極限

統計學家博克斯（見第 8 頁）曾經說過一句話：「統計學家和藝術家一樣，都患有痴戀自己的模型的壞習慣。」博克斯想說的是，因為統計學家已經投入時間，發展出能解釋世界的模型，所以即使證據指出模型有誤，他們依然會深信模型正確無誤。這個論點可以應用在由資料發展出的任何數學模型，以及閱讀各種來源的資料後，自己對世界產生的獨特理解。一旦我們開始相信某個模型正確無誤，就需要極其強力的證據，才能推翻我們的想法。這已經成為信仰問題，而非理性的信念。

我們應該牢記，我在導言〈善用數學思維，以簡馭繁〉裡提到的另一句博克斯名言：「所有模型都是錯的，但有些模型十分實用。」博克斯的意思是，我們都已經瞭解到這個真實世界十分複雜，不太可能使用只有幾個項和參數的簡單方程組，就能完美概括整個真實世界。雖說如此，簡單模型卻往往能夠長期使用，足以解釋世界上的許多事物。

舉例來說，我在第 6 章〈絕對要學會的統計方法〉提到，英格蘭西北地區醫院病人數無法控制的指數成長模型，在 6 週內甚至更長時間的預測結果都十分正確，時間長度已經足以證明將會出現病床資源不足的問題。然而，人口和病床數量都有上限，這類指數成長明顯不可能無止境持續下去。因此，關鍵在於需要清楚明白，即使一條直線現在和資料高度擬合，依舊無法永無止境的無限延伸。

顯然這是個模糊又陳腔濫調的說法，但卻指出我們在思考模型的限制時，模型所展現的價值：如果上述模型符合英格蘭西北地區秋天的狀況，或許可以合理認為在相同時間，英格蘭東北地區也會出現類似狀況；然而我們能夠合理認為，澳洲夏天時，也會出現類似狀況嗎？

回到博克斯提到的痴戀模型議題，值得注意的是：僅僅因為統計學家費盡心力創造了巨細靡遺的模型，並不代表模型更可能呈現真實狀況。人們潛意識中常常會認為，投資在計算和資料視覺化的時間，絕對不會是白做工，因此模型必定有價值。

結合前面提到的「採櫻桃」現象，就很有可能出現確認偏誤（confirmation bias）風險。確認偏誤指的是：我們會更願意相信那些證實我們原來對世界所持信念的事實，而不願意相信與信念矛盾的事實。毫無疑問，試圖維持對世界的一致觀點固然重要，但是保持開放心胸，接受資料有可能已經開始偏離先前的趨勢，而我們對世界的想法可能需要重新改觀，重要程度也不相上下。

六、考慮可能的團體迷思

社群一起研究和討論問題的時候，自然而然會達成對問題的共識，以及所有人都感到滿意的團體解決方案。一般來說這是件好事，代表社群成員已經仔細思考過問題，並且提出一個合理的解決方案。但如果從團體迷思（groupthink）的觀點來看，這樣的過程也存在某些風險。

上述過程中，可能會因為社群壓力，或者大家都認為問題已經得到解決，解決方案一旦確立後就不會受到質疑。此外，下一次類似問題出現時，人們自然會認為這些問題和先前討論的問題完全相同，於是草率採用舊解決方案來處理新問題，而非以全新觀點看待新問題。

這明顯是個高風險的思考方式，可能會導致過度自信。我前面已經提到，大家要隨時質疑自己的假設，這已經十分難以做到了，更別提集體思維很可能更難改變，特別是身處在龐大或深植傳統思想的組織當中時，舊有的思想更是難以撼動。當然，人們可以主動扮演「魔鬼代言人」（devil's advocate，提出與主流觀點不同意見的人），我們也確實應當鼓勵這樣的行為。

事實上，團體迷思問題也一直存在於科學界。通常，發展新思維和摒棄舊思維，在某些領域中十分難以實現。科學社群的發展方式更加劇了這樣的效應：認同舊思維的學者，得以晉升到更高職位、擔任期刊編輯委員，以及受邀擔任授獎委員會成員。這些認同舊思維的學者，在現有理論上投注了許多心力，對於顯然已經得到解決的問題，更難像其他人一樣保持開放心胸。

當然，舊思維和新思維之間存在一種微妙的平衡。我並不是在推崇「破壞偶像主義」（iconoclasm）——每次想要改變時，就要打破既有的科學共識。事實上，從許多關於新冠肺炎疫情的討論都可以看出：很多既有的概念，包含第 4 章〈跟著規則走〉提到的 SIR 模型，目前為止的預測效果都頗為驚人，遠勝過許多試圖推翻這些舊模型的新穎理論。儘管反對者極力宣揚新理論優於舊理論，但比例上來說，卻並非如此。因此，提出新理論的人應當尊重並且深思熟慮參考現有文獻，才是最謹慎的做法。而從其他領域進入新領域的科學家，則應該仔細學習已在該領域中久經磨練專家的智慧。

雖說如此，新穎想法無論聽起來多麼不可思議，都應該要有一個能夠發表和接受檢驗的舞臺，健康的社群理應提供所有人機會。理性思考下，我們可以假設一個原則：偉大的主張需要充分的證據來證明。也就是說，即使無須推翻先前的理論，我們也可以發現潛在的隨機波動，代表舊理論依然還有問題需要處理。然而，我們並不能因為新想法聽起來很愚蠢，就一概否定，許多目前得到認同的想法，相較於提出當時的共識來說，很可能都曾經十分愚蠢。

七、擁抱希望，並不能讓願望成真

在新冠肺炎疫情的不同期間，由於對疫情狀況預測不同，而造成信心高低不同，這十分合情合理。新冠肺炎讓大家每天無論生活上或情緒上都備受折磨，理所當然會希望疫情能快點結束。

然而，希望疫情能結束，並無法真正讓疫情結束。如果大家盯著圖表一段時間，然後說服自己數字正在減少，同樣無法影響未來的疫情演進。這就如同物理學家費曼（Richard Feynman）在挑戰者號太空梭意外爆炸的調查報告中，寫下的：「畢竟大自然是無法愚弄的。」

在考慮對立的新冠肺炎模型和理論時，正確答案其實非常簡單：「等到事情發生，就會知道了。」我們可以設計出無數個看似簡練的模型和理論，但在與真實世界的狀況密切比對之後，卻無法成立。單純因為理論簡練，並不足以證明理論正確。

因此，我們應當詢問的問題是：「這個理論預測了什麼？」正確科學理論給出的答案，應該可以使用未來的資料來驗證，如果事實證明資料與理論不符，理論就不可能正確。或許我們可以設法調整理論，但如果理論預測群體免疫閾值為 20%，而實際上染疫人口比例已經達到 30%，我們可能就必須舉雙手投降，承認理論已經失敗。

八、保持謙虛態度，承認錯誤

很有可能在某些時候，大家會在公開場合搞錯一些事。這並不可恥，所有人皆無一例外，都無法將新冠肺炎疫情的所有面向看得一清二楚。疫情狀況不斷變化，病毒透過空氣和接觸傳播，快速擴散到全球，而且其中還有一些是無症狀的傳播，各國政府因此前所未見採取不同程度的封城措施。此外，PCR 檢測技術和新型疫苗技術也用於對抗新冠肺炎。情況如此複雜，不太可能有任何人能夠在第一時間，就清楚瞭解所有事物。

事實上，如果科學家或專家將複雜情況用一兩句話就解釋完畢，才應該要合理懷疑這些內容是否屬實。剛才提過，世界本來就一片混亂，而真實資料也並非簡單易懂，複雜的問題更不太可能有簡單的解決方案，也沒有任何一個人，能夠百分之百正確無誤的分析新冠肺炎的所有面向。

因此，在分析新冠肺炎方面，犯錯並不可恥。一個人在某些方面的錯誤判斷，並不會否定他在其他方面貢獻的價值。雖說如此，面對錯誤的態度至關重要。繼續重複錯誤分析，或者馬上模糊焦點、並否認犯錯，這樣的反應和態度毫無助益。

最好還是直接承認錯誤，或許也能反省一下為什麼會出現錯誤，然後繼續前進。雖然對政治人物來說，做出 180 度政策迴轉是個恥辱，但科學家如果能及時迴轉，並開始駛向正確方向，絕對是更好的選擇。

九、中間路線和穩健原則

在新冠肺炎疫情期間，我一直倡議採取中間路線。如同先前提到，無論是任何數值的極大估計值或極小估計值，都極其不可能正確。同樣道理，在特定情況下，你可能會得到「世界毀滅」乃至「完全無須擔心」等一系列的分析結果，而正確答案很可能介於兩者之間。

疫情解決方案同樣可以得到「盡可能長時間嚴格執行封城」乃至「什麼都不做」等一系列答案，兩種極端答案是否有效，皆讓人十分懷疑。如同先前所說明，新冠肺炎的狀況十分複雜，任何人提出的解決方案，都可能存在缺點、且必須有所犧牲。如果選擇極端手段，很可能會讓事情變得更糟。

然而，這並不代表我們應該盲目選擇兩個極端意見正中間的做法。在許多狀況下，選擇偏向某個意見，仍有可能是正確的應對方式。話雖如此，在決定偏向某個意見之前，我們仍必須反思自己的選擇是否真的正確，並且嘗試瞭解對立的意見，切勿妖魔化或扭曲其他意見。

交流資料時，同樣需要強調每項資料的細微差異、以及不確定性。我們無法確定所有事物，但是事情不太可能如同離群樣本資料那麼好或那麼糟。換句話說，在得到更多資料之前，採取穩健原則，可以避免極端的過度反應。

事實上，人們對於中間路線和穩健原則的估算方法，也有所爭論。第 2 章〈在合理範圍內估算〉中學到的費米估算提到，藉由結合多個不完美的估計值，就能得到問題的合理答案。然而，費米估算是假設我們結合了合理範圍內的中間值，而非結合了極端值。如果我們都選用最好或最糟的估計值，最後很可能會得到最好或最糟狀況下的答案。雖然知道最好或最糟的狀況不見得一無是處，但我們不應該以極端狀況來思考決策，或是認為極端狀況是最可能發生的結果。

十、數學是最佳工具

最後我想告訴大家，數學是瞭解疫情和這世界的最佳工具。無論是瞭解函數如何成長、隨機性和不確定性扮演的角色，或者資訊理論如何解釋同溫層和相關資訊，數學方法都可以排除情緒和個人偏見，提供我們洞見。結構、隨機性和資訊這三個單元的重要概念，能夠提供我們思考時得以利用的強大工具。

雖然部分工具需要到大學數學系三、四年級才會教，但大家並不需要經過專業數學訓練，就能瞭解本書中說明的這些原則。只要能意識到詢問「這數字合理嗎？」或是「這數值的誤差範圍為何？」十分重要，任何人就都能夠利用數學原則，採用更有智慧的方法來思考世界。

我相信這一切都不是巧合。新冠肺炎病毒本身並不瞭解複雜的數學，但新冠肺炎傳播的基本邏輯，卻可以使用與研究太空物體的性質、擲骰子、以及隨機漫步的相同數學工具來研究。漢明在他的論文〈數學超乎常理的有效〉（The Unreasonable Effectiveness of Mathematics）中提到：

在我持續將數學實際應用到產業界的三十年間，我時常擔心我的預測是否正確。根據我在辦公室中利用數學得出的結論，我足以很自信的預測未來事件（至少別人看起來十分自信）——如果你這樣做，再這樣做，就能看到這些結果。

事實證明，我說的通常都正確無誤。

這些現象怎麼會知道，我是根據人為的數學做出預測，並且事情發展的結果能支持我的預測呢？如果有人認為萬物都能知道數學的預測，然後按照數學的預測來發展，這顯然十分荒謬。事實並非如此，而是數學就是能提供可靠的模型，能夠解釋宇宙中發生的一切。而我其實只會使用相對簡單的數學方法，但如此簡單的數學，卻足以預測如此多的事件，真是不可思議。

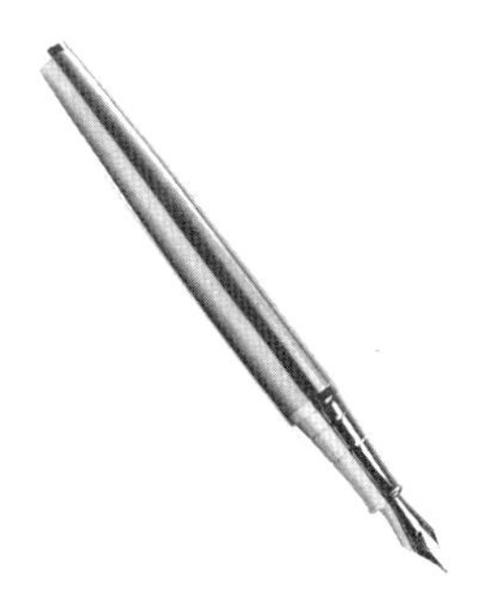

誌謝

我要感謝所有鼓勵我和支持我寫出這本著作的人。Christine Johnson、Roger Johnson、Paul Mainwood、Annela Seddon、James Ward 和 Sarah Young 皆針對我各版本的草稿，提出深思熟慮、且具有建設性的意見。Matt Aldridge、Steve Forden、Simon Johnson 和 David Leslie 都很有耐心，幫我釐清許多問題。

很幸運，我工作的學校布里斯托大學（University of Bristol）十分重視公眾參與，讓我獲得 Jonathan Robbins、Jens Marklof、Liz Clark、Chrystal Cherniwchan、Victoria Tagg 和 Philippa Walker 的特別支持。Stuart Ritchie、David Sumpter、Remi Lodh、Diana Gillooly 和 Hallie Rubenhold 則在商業出版方面，提供了寶貴意見。

疫情期間，我的寫作熱情重新點燃。我要感謝對疫情抱持中立立場的 Twitter 使用者提出的理性意見，包含相信先繪製圖表再推導結論的那些人，以及願意回答我私訊蠢問題的各領域專家。沒錯，我要感謝的就是你們。我還要感謝所有決定利用疫情期間研讀數學的人，以及喜歡兔子的人。我也十分感謝 Fraser Nelson 和 Evan Davis 提供我更大的舞臺來談論數字，還有所有將我介紹給更多受眾的記者朋友。

與 Heligo Books 和 Bonnier Book 的大家合作製作出這本書的過程，十分愉快。特別是 Rik Ubhi 對這個企劃充滿無限熱情，並且提出許多極具想像力的想法，讓我的草稿更完善。Nick Stearn 的封面設計和 Graeme Andrew 的插圖和排版，讓這本書的最終成品看起來棒透了。此外，我也要感謝 Justine Taylor、Abi Walton、Frankie Eades 和 Ian Greensill 的幫忙。

我的經紀人 Will Francis 閱讀了這本書樣貌全然不同的早期版本，並且發現我未注意到的內容潛力，進而引導我將書籍塑造成現在大家手中看到的樣子。我們感謝他提供的建議和經驗，同時也感謝 Janklow & Nesbit 其他團隊成員的照顧。

最後，最重要的要感謝我的家人 Maria、Emily 和 Becca 不斷支持我完成這本書。

詞彙注解

（依中文筆畫數排列）

p 值（p value）：在虛無假設為真的前提下，看到和實驗結果一樣極端，或者更極端結果出現的機率。

S 型曲線（sigmoidal curve）：形狀呈 S 型的曲線。

二次函數（quadratic function）：包含某個量值二次方的函數。

大數法則（law of large numbers）：重複獨立實驗足夠多次，則樣本平均數會接近期望值。

中央極限定理（central limit theorem）：重複進行獨立實驗足夠多次後，某件事件發生的機率會愈來愈趨近鐘型分布。

中位數（median）：資料按照大小排序後，最中間的數值。

分子（numerator）：分數線上方之數。

多項式函數（polynomial function）：包含某些量值的二次方、三次方、四次方或更多次方的函數。

有方向性（directed）：網路中只能朝單一方向前進的邊線。

位元（bit）：二進制數位（binary digit）的縮寫，量值為 0 或 1。

均勻隨機（uniformly random）：每個結果出現的機率相等。

貝氏定理（Bayes' Theorem）：利用「B 發生條件下發生 A 的機率」推論出「A 發生條件下發生 B 的機率」的方法。

函數（function）：類似機器或電腦程式運作的一套規則。

延遲（lag）：死亡數發布（今天發生的死亡並不會在今天發布）和疫情進展（今天染疫的病人可能會在 28 天後才死亡）的延遲。

服務時間（service time）：在排隊模型中，服務一位客人所花費的時間。

非適應策略（non-adaptive strategy）：事前決定好的固定策略。

信賴區間（confidence interval）：我們合理認為最可能的真實數值所在範圍。

指數函數（exponential function）：每次變化皆乘以相同數值的函數。

染疫致死率（infection fatality rate, IFR）：染疫病人最終死亡的百分比。

相圖（phase plot）：比較由微分方程控制的系統中，位置和速度關係的圖。

英國國家統計局（Office for National Statistics, ONS）：英國負責編彙和發布官方資料的機構。

倍增時間（doubling time）：指數函數數值大小翻倍所需花費的時間。

容量（capacity）：透過特定充滿雜訊的通訊頻道能夠傳送的資訊量。

時間序列（time series）：對應一系列瞬間時間的一連串資料。

特異度（specificity）：未染疫者檢測為陰性的百分比。

純策略（pure strategy）：玩家總是採取相同行動的策略。

馬可夫鏈（Markov chain）：只會受到事物目前狀態影響，而不會受到過去記憶影響的過程。

高斯分布（gaussian distribution）：又稱鐘型分布或常態分布。

偽陰性（false negative）：檢測為陰性的染疫者。

偽陽性（false positive）：檢測為陽性的未染疫者。

參數（parameter）：方程式中出現的一種數值，藉由調整參數可以改變方程式所展現的行為。

常態曲線（normal curve）：又稱鐘型曲線或高斯曲線。

常數函數（constant function）：數值永遠相同的函數。

敏感度（sensitivity）：染疫者檢測為陽性的百分比。

條件機率（conditional probability）：在某件事件發生的條件下，另一件事件發生的機率。

混合策略（mixed strategy）：玩家根據某種偏差硬幣，隨機選擇下一步行動的策略。

盛行率（prevalence）：特定區域內染疫人口的百分比。

統計顯著性（statistically significant）：假定「虛無假設」為真，但是結果發生的機率足夠低，因此足以強烈證明虛無假設實際上是錯誤的。（換句話說，當事件的結果具有統計顯著性時，表示結果不太可能是因為偶然或隨機波動而發生。）

期望值（expected value, expectation）：實驗可能結果的平均值，根據各結果可能出現的機率加權平均得出。

無方向性（undirected）：網路中可以朝任一方向前進的邊線。

虛無假設（null hypothesis）：預設的世界狀態，可以利用資料和證據來推翻。

費米估算（Fermi estimation）：將複雜的估值問題分成許多小階段來估算的方法。

傳染數（R number）：每位染疫者會傳染的人數。如果大於 1，代表染疫人數會持續增加；如果小於 1，則代表染疫人數會逐漸減少。

微分（differentiation）：利用位置資訊尋找速度的方法。

微分方程（differential equation）：使用位置的微分表示加速度或速度的方程式。

損失（loss）：猜測錯誤所需付出的代價。

節點（vertex）：網路中的點。

節點分支度（degree of avertex）：在無向網路中，某個節點連接的邊線數量。

群體免疫閾值（herd immunity threshold, HIT）：要讓傳染數小於 1 所需染疫的群體比例。

資料壓縮（data compression）：高效率使用 0 與 1 的序列來呈現隨機對象。

零和賽局（zero sum game）：玩家 A 的報酬等於玩家 B 的損失的賽局。

圖（graph）：(a) 由許多點構成的二維圖形，我們希望能在圖上找到最佳擬合線；(b) 由邊線連接許多節點構成的圖。如果指的是 (a)，本書中會使用「圖」來稱呼；如果指的是 (b)，本書會稱為「網路」。

對數刻度（log scale）：y 軸刻度經過壓縮的圖。呈現指數變化的正確方法。

網路（network）：由邊線連接許多節點構成的圖。

網路直徑（diameter of a network）：從網路任何節點到任何另一個節點所需的最多步數。

樣本平均數（sample average）：將重複實驗觀察到的數值加總，然後除以實驗執行次數，所得到的平均數字。

熵值（entropy）：隨機量值不確定性的測量值。

確診致死率（case fatality rate, CFR）：某種疾病檢測為陽性且死亡的病人比例。

線性函數（linear function）：每次變化皆增加相同數值的函數。

線性迴歸（linear regression）：在二維的資料圖上畫出最佳擬合線，藉此解釋資料點之間的關係。

賠率（odds）：賭客下注預測成功所獲得的獎金倍數。

過度擬合（overfitting）：使用過於複雜的模型，試圖完美解釋每一筆資料。

適應策略（adaptive strategy）：考慮新資訊而會隨著時間經過而改變的策略。

機率（probability）：某件事件發生的可能性高低。

獨立（independent）：結果不會互相影響的事件。

積分（integration）：利用速度資訊尋找位移的方法。

隨機（random）：任何涉及機率機制產生的過程，或者非正式用法可以用來指稱任何我們認為無法完美模擬的複雜過程。

隨機漫步／醉漢走路（random walk, drunkard's walk）：物體隨機移動的過程。

點估計（point estimate）：根據資料猜測出一個最接近的數值。

簡諧運動（simple harmonic motion, SHM）：鐘擺這類受力正比於位置的運動。

邊線（edge）：網路中連接兩個節點的線段。

變異數（variance）：實驗結果的數值可能散布的區間大小。

延伸閱讀

生活在這個時代很幸運，除了豐富的網路資源外，也有許多優秀的學者撰寫了許多書籍，讓普羅大眾也能學習數學。

我特別推薦以下三個網站：

Plus Magazine（https://plus.maths.org），網站的宗旨為「將數學與生活結合」；

Significance（www.significancemagazine.com），提供統計學和資料科學資源；

Quanta（www.quantamagazine.org），提供前緣研究的最新消息。

以下的書籍，深入探討我在本書中討論到的某些主題：

Carl T. Bergstrom and Jevin D. West, *Calling Bullshit: The Art of Scepticism in A Data-Driven World* (Penguin Random House, 2020)

Ananyo Bhattacharya, *The Man from the Future: The Visionary Life of John von Neumann* (Allen Lane, 2021)

I. J. Good, *Good Thinking: The Foundations of Probability and Its Applications* (Dover, 2009)

Tim Jackson, *Inside Intel: Andy Grove and the Rise of the World's Most Powerful Chip Company* (HarperCollins, 1997)

Roger Lowenstein, *When Genius Failed: The Rise and Fall of Long-Term Capital Management* (Random House, 2000)

William Poundstone, *Fortune's Formula: The Untold Story of the Scientific Betting System That Beat the Casinos* (Hill & Wang, 2005)

Simon Singh, *The Code Book: The Secret History of Codes and Code-breaking* (Fouth Estate, 2002)

Jimmy Soni and Rob Goodman, *A Mind at Play: How Claude Shannon Invented the Information Age* (*Amberley*, 2018)

David Spiegelhalter and Anthony Masters, *Covid by Numbers: Making Sense of the Pandemic with Data* (Pelican, 2021)

David Sumpter, *The Ten Equations That Rule the World: And How You Can Use Them Too* (Allen Lane, 2020)

Edward O. Thorp, *A Man for All Markets: Beating the Odds, from Las Vegas to Wall Street* (Oneworld, 2017)

Gregory Zuckerman, *The Man Who Solved the Market: How Jim Simons Launched the Quant Revolution* (Portfolio, 2019)

圖片來源

第57頁 'World record football transfer fee' data sourced from: https://en.wikipedia.org/wiki/List_of_most_expensive_association_football_transfers

第65頁 'World record football transfer fee (log scale)' data sourced from: https://en.wikipedia.org/wiki/List_of_most_expensive_association_football_transfers

第69頁 'Daily new confirmed COVID-19 deaths' data sourced from: https://coronavirus.data.gov.uk

第72頁 'Dow Jones value (linear scale)' data sourced from: https://www.macrotrends.net/1319/dow-jones-100-year-historical-chart

第73頁 'Dow Jones value (log scale)' data sourced from: https://www.macrotrends.net/1319dow-jones-100-year-historical-chart

第75頁 'Moore's Law: The number of transistors per microprocessor' data sourced from: https://ourworldindata.org/grapher/transistors-per-microprocessor

第89頁 'Phase portrait of England hospitalisations' data sourced from: https://coronavirus.data.gov.uk/

第113頁 'Aston VillAgoal probabilities' datAsourced from: https://understat.com/match/14466

第114頁 'Liverpool goal probabilities' data sourced from: https://understat.com/match/14466

第118頁 'UK household disposable income2020' data sourced from: https://www.ons.gov.uk/peoplepopulationandcommunity/personalandhouseholdfinances/incomeandwealth/bulletins/householddisposableincomeandinequality/financialyear2020

第124頁　Figures SPM.3 from IPCC,2012: Summary for Policymakers. In: *Managing the Risks of Extreme Events and Disasters to Advance Climate Change Adaptation* [Field, C.B., V. Barros, T.F. Stocker, D. Qin, D.J. Dokken, K.L. Ebi, M.D. Mastrandrea, K.J.Mach, G.-K. Plattner, S.K. Allen, M. Tignor, and P.M. Midgley (eds.)]. A Special Report of Working Groups I and II of the Intergovernmental Panel on Climate Change. Cambridge University Press, Cambridge, UK, and New York, NY, USA, pp.1-19

第132、133頁　'Green Jelly Beans Linked to Cancer' created by xkcd, and sourced and reproduced from https://xkcd.com/882/

第153頁　'North West COVID patients2020 (log scale)' data sourced from: https://coronavirus.data.gov.uk

第154頁　'North West COVID patients2020 (log scale)' data sourced from: https://coronavirus.data.gov.uk

第202頁　'Smartphone Penetration of the Smartphone Market' data sourced from: https://www.comscore.com/Insights/Blog/US-Smartphone-Penetration-Surpassed-80-Percent-in-2016

第202頁　'Percentage of Users by WeB Browser' data sourced from: https://stats.areppim.com/stats/stats_webbrowserxtime_eu.htm

第234頁　'Sterling vs dollar exchange rate2022' data sourced from: https://www.google.com/finance/quote/GBP-USD

第241頁　Drawing of the interconnectivity of chessboard squares' data sourced from: https://en.wikipedia.org/wiki/Knight%27s_tour

閱讀筆記

科學天地 190

社會菁英必備的數學素養

用數學思維看世界

Numbercrunch:
A Mathematician's Toolkit for Making Sense of Your World

原著 — 奧利弗·強森（Oliver Johnson）
譯者 — 劉懷仁
科學叢書顧問群 — 林和、牟中原、李國偉、周成功

總編輯 — 吳佩穎
編輯顧問暨責任編輯 — 林榮崧
封面設計暨美術排版 — 江儀玲

出版者 — 遠見天下文化出版股份有限公司
創辦人 — 高希均、王力行
遠見・天下文化 事業群榮譽董事長 — 高希均
遠見・天下文化 事業群董事長 — 王力行
天下文化社長 — 王力行
天下文化總經理 — 鄧瑋羚
國際事務開發部兼版權中心總監 — 潘欣
法律顧問 — 理律法律事務所陳長文律師
著作權顧問 — 魏啟翔律師
社址 — 台北市 104 松江路 93 巷 1 號 2 樓
讀者服務專線 — 02-2662-0012　傳真 — 02-2662-0007；02-2662-0009
電子郵件信箱 — cwpc@cwgv.com.tw
直接郵撥帳號 — 1326703-6 號 遠見天下文化出版股份有限公司

國家圖書館出版品預行編目 (CIP) 資料

社會菁英必備的數學素養：用數學思維看世界 / 奧利弗 . 強森 (Oliver Johnson) 著；劉懷仁譯 . -- 第一版 . -- 臺北市：遠見天下文化出版股份有限公司 , 2023.11
面；　公分 . --（科學天地；190）
譯自：Numbercrunch : a mathematician's toolkit for making sense of your world.
ISBN 978-626-355-526-6（平裝）

1. CST : 應用數學

319　　112019481

製版廠 — 東豪印刷事業有限公司
印刷廠 — 柏皓彩色印刷有限公司
裝訂廠 — 台興印刷裝訂股份有限公司
登記證 — 局版台業字第 2517 號
總經銷 — 大和書報圖書股份有限公司 電話／02-8990-2588
出版日期 — 2023 年 11 月 30 日第一版第 1 次印行
2024 年 6 月 20 日第一版第 4 次印行

定價 — NT450 元
書號 — BWS190
ISBN — 9786263555266 ｜ EISBN — 9786263555167（EPUB）；9786263555150（PDF）

天下文化官網 — bookzone.cwgv.com.tw